用户体验增长

数字化·智能化·绿色化

胡晓 ◎ 编著

清华大学出版社
北京

内 容 简 介

本书是国际体验设计大会的演讲案例的论文集，汇聚了当下具有影响力的数位国内外知名企业的设计师、商业领袖、专家的大量实践案例与前沿学术观点，分享并解决了新兴领域所面临的新问题，为企业人员提供丰富的设计手段、方法与策略，以便他们学习全新的思维方式和工作方式，掌握不断外延的新兴领域的技术、方法与策略。

本书适合用户体验、交互设计的从业者阅读，也适合管理者、创业者以及即将投身于这个领域的爱好者、相关专业的学生阅读。

图书在版编目（CIP）数据

用户体验增长：数字化·智能化·绿色化 / 胡晓编著 . —北京：清华大学出版社，2022.8
ISBN 978-7-302-61163-9

Ⅰ.①用…　Ⅱ.①胡…　Ⅲ.①人机界面－程序设计　Ⅳ.① TP311.1

中国版本图书馆 CIP 数据核字 (2022) 第 110662 号

责任编辑：杜　杨
封面设计：杨玉兰
责任校对：徐俊伟
责任印制：刘海龙

出版发行：清华大学出版社
　　　　网　　　址：http://www.tup.com.cn，http://www.wqbook.com
　　　　地　　　址：北京清华大学学研大厦 A 座　　　　邮　　编：100084
　　　　社 总 机：010-83470000　　　　邮　　购：010-62786544
　　　　投稿与读者服务：010-62776969，c-service@tup.tsinghua.edu.cn
　　　　质 量 反 馈：010-62772015，zhiliang@tup.tsinghua.edu.cn
印 装 者：小森印刷（北京）有限公司
经　　销：全国新华书店
开　　本：188mm×260mm　　　印　　张：16　　　字　　数：371 千字
版　　次：2022 年 10 月第 1 版　　　印　　次：2022 年 10 月第 1 次印刷
定　　价：99.00 元

产品编号：097263-01

设计是人类未来不被毁灭的第三种智慧

艺术家，见自己；科学家，见天地；设计师，为众生。

"未曾学艺先学礼，未曾习武先习德。"大学之道，先致其知，致知再格物，格物而后致志，致志而后心正，心正而后才能为众生。

有"心"才能画"圆"，半径大，圆才大，同为半径还可成三维的球乃至多维成宇宙！

历史离我们远去，旧技术、旧产品必定被新技术、新产品所替代，但设计文化却可以沉淀，可以被再开发。在全球设计发展的历史长河中重新审视中国设计，以发现未来中国设计的曙光。研究中国设计的宗旨就是：不仅是回顾，更是发现；不仅为怀旧，更期待超越。

人类认识世界、改造自然的观念是从低级到高级，简单到复杂，单一到重叠，连贯到网络发展过程的总和，也是不断创造的结果。如果没有人类积极主动的创造观念，而仅有生物界的动植物适应自然的进化，则不可能实现人类从动物中的分化，更不能有人类今天文明的出现。没有观念为主导，就没有人类与动物的分野，也就没有创造。马克思主义自然观的特点之一，就是把对自然的认识同劳动实践联系起来。认为劳动过程使人的本质力量对象化。马克思所说的劳动实践，即人类的设计观念与创造过程。

我早在1985年就说"设计是生存方式的设计"，其含意不仅是指物质生活的一面，它还是精神世界的反映。信息时代的设计必定反映了这个时代的特征与以往时代的传统，既是人类迄今为止的技术、文化的结果，又矛盾于工业时代与自然规律和人的自然属性之间。这些成果与矛盾，就是设计新的生存方式，设计是对以往存在的再格式化，也就必然是创造未来的"能源"与动机。

一个时代的价值观念是这个时代的经济基础、社会意识、文化艺术的集中反映。它是传统，即在它之前的经济基础、社会意识、文化艺术必然的延续。继承传统是顺乎"自然"，然而为明天创造新的传统又是历史的必然。改变旧价值观念后形成的新价值观念带来了社会的进步。这是改革"自然"，是对人的智能、主观能动性的发挥。这两个方面的人类文化活动促进了历史的延续、进步，创造了人类社会的历史与未来。

2021年11月11日习近平总书记在党的十九届六中全会第二次全体会议上讲："前无古人的创举破解了人类社会发展的诸多难题，摒弃了西方以资本为中心的现代化、两极分化的现代化、物质主义膨胀的现代化、对外扩张掠夺的现代化老路。反过来看，走向现代化的中国方案就是以人民为中心、共同富裕、精神文明协调、自我发展的全新道路。"

在科技蓬勃发展的时代，中国要想屹立在世界之林，势必要创造出有特色的"中国方案"。而中国设计则是通过设计的思维逻辑推理出未来发展的路，创造出未曾有过的生存方式，助力中华民族复兴。

北宋的张载曰："为天地立心，为生民立命，为往圣继绝学，为万世开太平"。很好！是否还要再发展一下，不只是"为往圣继绝学"，而是"学往圣创绝学"！

本书从理念与趋势、成长与管理、方法与实践介绍了一个个深入浅出的案例，全面且丰富地介绍了设计的手段、方法与策略，在变局中能够从容地应对挑战，把握机遇。在不同的维度，利用设计思维和设计文化，去推动整个产业的数字化、智能化、绿色化进程。

正如作者胡晓所说：变局带来了机遇和挑战，应运而生的技术和设计，改变着人们生活的方方面面。

世界正处于变局之中，双碳背景下挑战与机遇共存，中国产业转型升级迫在眉睫，对数字化、智能化、绿色化的要求与日俱增。

设计不是图享乐，也不是追逐个人爱好，而是一种为大众的长远谋划，一种集约的考量。如果我们能本着这一点去从事设计，中国的未来会更好！

我们要思考什么才是人类整体生活水平的提升。我们要的是车吗？不，我们要的是出行方便。明白了本质的诉求，我们才能不断地优化、不断地创新，而不是将产品做得越来越奢华。我们要去定义消费，根据国人的潜在需求提出技术所能适应的性能参数，推进技术的创新、转移、迭代和社会进步！设计的根本目的是创造性地解决问题。一是解决今天的问题，二是提出未来的愿景。设计应该是无言的服务，无声的命令！设计在给人带来方便的同时，也要给人带来限制，它不应一味怂恿人，而是应该引导人，提高人的文明程度。不是一味让人享受，而是应该让人学会适可而止。

设计是人类未来不被毁灭的第三种智慧。我们要创造还未曾有过的生存方式，走中国自己的发展之路——建立人类命运共同体，这才是"中国方案"。

——柳冠中

清华大学首批文科资深教授，博士生导师

中国工业设计协会荣誉副会长兼专家工作委员会主任

坚守初心，共同用设计创造更美好的世界

疫情时代下，世界正在经历隔绝与孤立，而设计也迎来了为社会发挥重要作用的机会——让人们的生活更美好。设计为消费者创造价值的需要从未像今天这样迫切，设计师必须竭尽所能让消费者花的钱能实现价值最大化。设计和科技都将发挥有力作用，去帮助寻找应对疫情的解决方案。

虽然在过去一年中人们彼此隔绝，世界也发生了很多变化，但我们仍应该意识到关乎人们价值观和基本需求的很多事情并没有改变，也没有受到疫情的影响。

伴随着以用户为中心的可持续设计，"绿色化"与"绿色主义"同根同源。本书中汇聚了大量案例与实践，告诉我们如何用设计创造更美好的世界。希望阅读本书的你，能坚守初心，坚守人类最基本的价值观，那么就能继续帮助世界实现长期的发展目标。

——David Kusuma

世界设计组织（WDO）主席

设计已成为经济发展的第五要素。发展数字经济需要建立起系统性思维和战略，在产前、产中、产后完成不同场景下的协同，高效率地解决不同节点的同步问题。实现生态环境价值、产品服务价值与用户价值的统一，应该是服务设计的责任。本书汇集大量实践案例与前沿研究，具有很强的专业性，并提供了可以学习的设计手段、方法和策略。期待此书可以带来更多启迪和机遇。

——张琦

世界绿色设计组织执委

今天，我们正面临着前所未有的变革，甚至科学技术的发展已使人类掌握重新设计生命的能力，设计所面对的挑战将是更宽的领域、更大的需求、更新的知识和更多的未知，设计将在新方向、新层次、新境界上被重新定义，而任何个人都无法独立解决全方位的问题，人们进入了"相互指望"的集体智慧时代。IXDC发挥组织力，透过此书，汇集人文思想和设计方略，为重新定义设计文化，做了积极的探索，很有价值。

——陈冬亮

联合国教科文组织国际创意与可持续发展中心执行主任

中国工业设计协会副会长

伴随人类对需求的递进式转换，人类已从生存需求、安全需求、社交需求向尊重需求和自我实现需求转化。文化正在替代人类对物质的过度追求，上升到了精神层面。而数字技术、信息技术、人工智能的出现，进一步助推了这一转化的速度。数字化、智能化、绿色化成了未来的发展趋势。设计也就担当起了更加重要的社会责任。服务设计、绿色设计、智慧设计愈加重要。

——宋慰祖

设计大推手，北京市政协常委、副秘书长

民盟北京市委专职副主委，工业设计高级工程师

北京国际设计周和北京设计学会的发起人

中国设计红星奖、中国设计业十大杰出青年的创办人

数字科技的发展，推动着体验设计进入了新的进化阶段，越来越多的企业在通过数字化的技术革新，满足用户的需求，实现企业的价值，IXDC很敏锐地洞察到了这个变化，这本书将向你展示这个过程里所发生的最新、最权威的思考和实践。

——刘轶

京东集团副总裁，京东零售用户体验部负责人

在我的整个职业生涯中，我一直在反对"设计只是简单地把东西做得漂亮"，同时我也一直知道，每一个和潜在客户的触点都可能是精心设计后的结果。本书提醒和教育着领导者，设计可以影响当下和未来生活的方方面面。除了单一地去关注一个产品的表现，我认为应该将重点转移到更广泛的文化影响上，同时去思考如何在全球范围内表达和感知一个公司的价值观。

——Don Lindsay

前苹果、黑莓、微软设计主管

本书作为各地出色案例的精选，汇集了各个方面的精彩内容，从中展现出各位前沿领域的设计师、商业领袖、专家、教授对于这个时代及中国设计变革的洞察及观点，其中所分享的对于新问题、新实践、新学术的思考汇聚在一起，成为新兴设计领域思维、手段、方法与策略的最好展示。感谢大会策划者与本书编撰者的专业工作，提供了如此有益的分享，并有机会以自己的角色见证、参与、推动世界与中国的设计发展。

——张凌浩

南京艺术学院院长，中国工业设计协会副会长

IXDC把宝贵的知识汇编成册，成为那些渴望提升自我的设计师们的案头读物。优秀的作品需要传播，读书永远是最便捷的学习手段，希望拿到这本书的你，能够在繁忙的通勤路上，在和产品经理斗智斗勇的间隙，在回顾总结完平凡的一天之后，静下心来思考：我在为这个世界做些什么，我能为未来的我做些什么？

——朱宏

小米国际互联网设计总监

这本书对数字技术在提高用户体验质量和可持续价值方面的潜力进行了有趣的综合概述，引领行业更好地思考数字能力与设计思维的融合，为交互设计、服务设计和生产数字化开辟了有趣的场景。同时这本书就数字经济环境中持续存在的挑战展开了有趣的讨论。我强烈推荐这本书——它可以为设计研究和技术实施提供非常有用的支持。

——Gabriele Goretti

江南大学设计学院副教授，品牌战略实验室联合主任

疫情加速了我们社会数字化的进程，在数字经济的新时代下，用户体验将被如何定义？用户体验将如何增长？用户体验的从业者又有哪些新的机会？本书提供了很好的思路和答案。

——朱一冰

字节跳动Lark北美设计负责人，原微软总部首席设计经理

本书为我们提供了清晰的案例，并说明了当今与未来的创意领导者识别、观察异常和变化以及关注用户在使用产品过程中的行为是多么重要。服务消费是具体用户需求和价值观的表达，是差异化的新要素。本书充满了来自各个领域有远见的领导者和专家的贡献和经验，对创意产业、创新和技术领域都非常有益处，同时也是组织者富有远见的创造力的体现。

——Francesco Galli

优尔姆大学教授，博士

用户体验设计正在不断定义和更新着设计的理念和方法，不断融合科技与设计，不断拓展设计的维度。感谢IXDC为我们带来的一切。

——汪文

方正电子字体设计副总监

每年一步，聆听行业的声音，见证自己的成长。IXDC大会陪伴着千千万万有志于用户体验领域的朋友，一步步走进这个文化、设计、研究、技术、运营、品牌、商业等交织的世界，以初心、洞察、思考、实践，去发掘机会、解决问题、创造价值。加油，IXDC、用户体验还有充满热爱的你。

——吴卓浩

Mr. HOW AI创造力训练营创始人
前创新工场人工智能工程院副总裁
前Google、Airbnb中国设计负责人

现在，相信所有人都会承认，"设计"早已超越了对美学风格的追求，它渗入了更深层、更核心的地方。商业、产品、用户、生活、文化……现代设计的力量渗透进每一环，在有意识与无意识之间，构成每个人的当下体验。而无数个体的体验，终将改变潮水奔涌的方向。无论你是不是设计师，都可以看看这本书，相信它会让你看待设计工作和世界的方式都会有一些改变。

——任恬
小米MIOT可穿戴负责人
小米集团设计委员会副主席

中国用户体验设计的蓬勃发展得力于IXDC十年如一日的坚持推动与平台搭建。本书汇总了许多来自各领域的优秀实践和观点分享，可谓里程碑式的智慧集合，值得用户体验从业人士学习和收藏。

——赵业

华为UCD中心部长

不论哪一个时代，总有打动用户的好产品；好产品来自对用户的理解，透过好的交互设计与用户建立良好的体验。希望大家能经由此书的内容得到启发，在各行各业为广大用户带来这个时代的好产品。

——郭文祺

小米生态链−纯米科技设计研发副总裁

设计源于人类生存的本能，源于人类创造世界的智慧，源于人类对未来的思考。在设计被产业界、商业界所普遍接受的今天，以"体验"为载体，回归"设计"以人为中心的价值，IXDC通过聚合顶级的设计思维，成功构建了"国际体验设计大会"的平台，受到设计界的广泛关注与赞誉。对用户体验增长的探讨，既是对设计本质的一次溯源，更是设计界面向人类未来的一次展望。

——周红石

广东省工业设计协会常务副会长

毫无疑问，这是一本好书，一本传递创新思维方式和工作方式，宣传不断延伸新兴领域的技术、方法与策略的好书。

——汤重熹

中国工业设计协会副会长

清华大学设计战略与原型创新研究所执行所长

命题没有标准答案，一定是多元化、多样性的，提供这些答案的专家们用丰富且充满洞见的文字提供了"为什么"的参考：设计组织的国际化合作、设计文化传承、设计语言的建立与统一、设计生态与团队、如何以人为本发现设计机会、万物互联的世界带来什么体验、设计对商业的赋能、设计的战略价值……相信读完这本书，并把它分享给你的合作伙伴、工作同事、业界好友，一定会帮助你们了解体验设计在中国的真实发展现状以及设计专家们的最新职业思考，获得极具价值与参考性的建议。

——周陟

字节跳动企业服务设计负责人

光华龙腾奖·中国设计业十大杰出青年

《设计的思考》《闲言碎语》作者

这个时代赋予了设计更多的价值，设计师通过敏锐的眼光，对细节进行推敲，对体验进行提炼，打造出影响社会的设计。这本书让我们从多维度学习体验设计，学习发现问题和解决问题的能力。体验设计师是产品与人之间的桥梁，我们要通过学习到的知识，通过设计传递出人的温情与产品的温度，找到设计的最优解。

——朱君

小米集团设计委员会秘书长，UI中国联合创始人

每年国际体验设计大会中，都会感受到设计师对于大会内容的热烈期盼和高度肯定，同时也遗憾于场地所限，不能让每一位设计师现场聆听，非常高兴看到每年的大会内容能以书籍的形式分享给每一位设计师。

——胡松

花瓣网CEO

整个世界的消费格局都在发生变化，中国尤其剧烈和密集。消费和零售从业者开始关注场景构建，越发重视科技、传播和设计手段的运用。对于体验设计者来说，需求越多花样越多，我们需要提醒自己克制和精简，聚焦到真正驱动用户认知和感知的元素上，切记宁缺毋滥。可持续的体验设计为消费者带来恰到好处的兴奋点、甜蜜点和记忆点，并且不断进化。这是对商业投资的负责，也是对用户的负责。

——周轶

指南创新创始人兼CEO

体验就像空气，无时无刻不存在于我们的周围与我们做最亲密的接触。IXDC这本书也像空气，是设计师的终身伴侣。字体作为体验设计中的一个最基础的元素，同样具有更加多样表达的可能性，希望字体设计能够与体验设计同步，服务于交流，服务于感受，服务于品牌。

——谢立群

汉仪字库CEO

国际体验设计大会无疑是中国最具有影响力的设计师社区。IXDC的这本书包含了很多不同行业、不同领域的国内外优秀设计师的观点、视野和思考。我一直觉得，设计更多的是有关设计背后的语言和灵魂。推荐这本书给所有的中国设计师。

——吴冰

石墨文档创始人兼CEO

这本书精彩概述了所有发生在用户体验和企业设计中的事情。如果你想牢牢掌握用户体验的方向，这是一本必读的书。

——Joris Groen
Buyerminds创始人兼创意总监

这本书里面有很多比较细节性的内容，启发你们思考每天所做的工作，思考你们正在塑造哪种体验，思考你们追求的又是哪种体验。这就是我目前最关心的事情。希望大家不要忘了要做的事情，也不要忘了体验的不同内涵。

——Richard Buchanan
美国凯斯西储大学首席教授

作为一名远在美国硅谷的体验设计从业者，我从2011年就开始关注国际体验设计组织IXDC在国内举办的各种活动。我惊讶于大会每年都能给行业带来充满活力和能量的内容，涉及的领域之广、议题之深、话题之新，不但给从业者搭建了互相学习的平台，也促进了体验设计理念的融合和发展，给社会带来很大价值。我很自豪能够为之贡献自己的微薄之力，也希望更多的人加入到这个行列里来，一起推动中国设计的进步。

——张晶华
Google美国总部VR&AR用户体验研究资深研究员、团队负责人

本书是IXDC近年来最重要的出版物，它荟萃了来自全球体验设计一线的创新者、实践者最有价值的观点、视野、方法与思考，势必会对未来的发展产生巨大的影响。

——童慧明
BDDWATCH发起人，广州美术学院教授

作为用户体验行业深耕多年的从业者，在细读过本书后感受颇深，它为所有读者朋友奉上的是层次感丰富的盛宴：对于想了解用户体验行业的朋友，它提供了全视角、多方位的知识体系；对于想加入用户体验行业的朋友，它回答了什么是用户体验驱动以及相关方法论，并详述了用户体验对商业的意义和价值，可作为入门的百科书；而对于从业者，本书从全局出发，探索产品和体验的未来趋势，讲解从体验到商业的认知升级，对于面对新商业体验时设计师该如何转型等内容提出独到的见解，起到拨开云雾、令读者前方视野更开阔的效果。

除了全局观以外，本书还难得地集合了众多业内人士的实践案例分享，每个案例都是这些年引领着行业前进的探索之旅，值得大家细细品味。用户体验持续改变着消费者、企业以及产品与服务的交互方式，影响着人们的生活、文化水平的提升，而服务体验的提升又反过来影响着用户体验理念的发展，重新定义用户体验就是不断更新我们的认知。

——林钦
四叶草车险合伙人，ETU Design创始人

像IXDC大会的行业聚会不是很多，很希望每年大家都能过来交流。现在能将大会上精彩的内容都收录进本书，真的是非常有意义的事。希望大家都能拥有一本，并认真阅读，定能从中收获颇多。

——史玉洁

百度移动生态用户体验设计中心副总裁

本书非常难得地集齐众多行业大牛和前线专家，给出一份相当"厚重"的答案。如果你苦于缺乏行业眼光，抑或苦于缺乏理论背景或实战经验，我认为，你都能够通过此书解惑释疑。

——郭冠敏

网易UEDC总监

本书将为读者提供全新视角，深度洞察新科技时代用户体验的价值与策略，全面探究交互设计的跨学科模式与方法，完整领略未来设计创新实践的前沿与业态。

——付志勇

清华大学美术学院教授，服务设计研究院所长

人类设计的历史就是一部追求极致用户体验的历史，今天硬件、软件和服务构成了新的用户体验生态，交互是这一生态的核心，其终极目标就是用户体验的一致性，全流程、全触点的一致性。本书正体现了这种全新定义的用户体验。

——何人可

湖南大学设计艺术学院院长、教授

在巨大的人口红利、人才红利、技术红利以及消费红利的加持之下，中国数字经济发展站到了世界前沿，我们的数字公民展现出了与农业时代、工业时代完全不同的生活方式和行为方式。没有设计师会怀疑数字时代、数字公民、虚拟设计与数字鸿沟等给社会经济发展带来的变革动力之强劲、变革趋势之明显、变革路径之微妙。在这种背景下，设计行业该如何推动自我变革？设计师应该如何强化时代印记、中国特色与自我发展的逻辑？相信本书会给大家提供一种思路。

——李杰

《设计》杂志执行社长兼主编

习近平总书记指出："新冠肺炎疫情全球大流行，推动世界百年未有之大变局加速演进。"世界正处于变局之中，双碳背景下挑战与机遇共存，中国产业转型升级迫在眉睫，对数字化、智能化、绿色化的要求与日俱增。

未来已来，新一轮科技革命和产业变革深入发展，以科技创新为核心动能的高新技术产业成为经济恢复、发展的新增长点。如何在变局中掌握先机？如何判断趋势，抓住机遇实现增长？未来最值得关注的新技术、新风向、新模式是什么？如何全面洞察未来行业趋势脉动？这些都是我们需要思考的命题。

数字化

新冠肺炎疫情以来，以大数据、人工智能、云计算、移动互联网为代表的数字科技在疫情防控中发挥了重要作用，越来越多的企业开始"云办公""线上经营""智能化制造""无接触生产"，数字经济的新模式、新业态快速发展。在高速变化的社会中，传统企业加快转型，寻求破局之路。远程医疗、智能护理、送药机器人……数字经济逐步闯入人们生活的方方面面。

疫情加速了数字化转型，同样为企业带来了新的商业机会与挑战。从业者围绕数字化技术、营销、协同、管理，以企业为平台，为用户打造创新产品和全新体验，赋予计算体验新价值，以在变局中实现增长。

智能化

进入互联网时代以来，人工智能技术的进步和发展带来生产力的重大飞跃。如今，人工智能技术已经无处不在，从智能手机的语音助手、软件上的智能客服机器人到客厅里的智能家居，人们在生活的方方面面都享受着人工智能技术带来的便利。

追求"以用户为中心"的设计需要从人与智能相互融合的角度出发，在包容性视角下，结合智慧化应用与数字设计能力，打造智能化、人性化兼具的服务。

绿色化

伴随着对传统工业化和城市化模式的不断质疑，绿色理念的提出是人类对自身生产、生活方式的反省。绿色经济的本质是以生态、经济协调发展为核心的可持续发展经济，是以维护人类生存环境，合理保护资源、能源以及有益于人体健康为特征的经济发展方式。

当今社会，公众的绿色意识不断增强，从业者应该强化以用户为中心的可持续性设计，着力推动行业设计理念绿色化，实现技术、产品、服务和环境价值的最大化，推动行业生态的系统化、平台化发展。

本书特色

本书汇集了国际体验设计大会的精华，书中记录了当下最具影响力的数位国内外知名企业、院校的商业领袖、设计专家的大量实践案例与前沿学术观点，分享并解决了新兴领域所面临的新问题，为企业人员提供丰富的设计手段、方法与策略。站在全球产业变局的风口，国际体验设计大会认真分析我们正在亲历的改变和那些崭露头角的创新，启发行业在变局中深思，帮助人们应对全球危机后的种种挑战，以实现21世纪的商业成功。

全书共分为理念与趋势、成长与管理、方法与实践3章，深入浅出地通过一个个实践案例，全面丰富地介绍设计手段、方法与策略。希望每一位设计行业从业者、产品创新实践者，都能通过阅读本书在变局中从容地应对挑战，把握机遇。在不同的维度，利用设计思维和设计文化，去推动整个产业的数字化、智能化、绿色化进程。

致谢

我非常感谢为本书提供内容的每一位作者，他们是（按姓名首字母A～Z排序）Andre de Salis、Albert Shum、Barry Katz、陈宪涛、陈田华、Dr. Chaiwoo Lee、David Kusuma、冯文辰、郝华奇、姜炳楠、Julie Schiller、李盛弘、李煜佳、李悦、李超、Mrinalini Sardar、彭英、单鹏赫、宋平、宋晓月、陶一泓、王春阳、徐濛、徐巧挺、杨润、张挺、张宇、翟莉莉、赵业、周子采，及对本书编撰提供全力支持的张运彬、苏菁、刘菲菲、杜杨。

变局带来了机遇和挑战，应运而生的技术和设计，改变着人们生活的方方面面。我希望这本书能够帮助大家更好地了解用户体验在现代产业体系转型升级中的影响力与驱动力，更好地拥抱交互设计的未来。本书献给所有对美好生活心生向往的朋友们！最后祝大家身体健康，共同探索充满无限未知的未来科技世界。

胡晓

2022年8月10日

目
录
▼

第1章
理念与趋势 \ 001

第2章
成长与管理 \ 033

第3章

方法与实践 \ **077**

第1章
理念与趋势

01 构建连接的意义——面向AI 时代的体验设计

◎ 徐濛

我们通过"连接"来认知世界、认知我们自己。连接的方式，奠定了我们与周围事物的关系，共同成就连接的价值。人工智能技术的不断发展将机器以前所未有的形式带入人们的视线，改变了生活的方方面面。而2020年新冠肺炎疫情的到来，也切实地给人们的需求与观念带来影响。产品体验设计师在新的时代背景下，成为新型人机连接关系的探索者和搭建者。

本文将通过洞察与案例，带大家一同探讨后疫情时代人与环境、人与信息的关系，以及百度技术中台用户体验团队搭建这些连接的方式和价值。

1. 引言

在过去的十年里，我们看到技术的创新突破让机器越来越接近人类的思考和交互方式。伴随着技术的进步，我们的设计对象也在不断演变。从最早为行为效率而设计，到关注用户行为背后的意图构建更贴切的服务，当兴趣爱好能够被预测，我们又得以面向意图背后的本源动机创造新的体验形态。我们能够真切地感受到新技术衍生出的新型服务让我们与这个世界连接得越来越紧密。

1）新的处境与挑战

2020年年初突如其来的新冠肺炎疫情让我们陷入新的处境。可见的环境和社会危机，让生产、物资、生活娱乐、人与人的往来都受到了不同程度的影响。这也促使我们将原本不相关的技术和服务进行连接，将地理位置服务、人口数据、医疗服务、个人身份、健康状态、通勤轨迹等整合，以疫情地图这样一个新的形态，与全社会一起去对抗危机和防控疫情。

疫情分布地图
Epidemic Distribution Map

在缓解控制阶段，产品数据团队通过与各地卫生与健康委员会的数据协同，百度地图服务设计基于专题地图的服务框架，提供用户周边范围的安全距离预警与最近疫情发生小区的提示，并提供附近人流密集的场所供出行规避。

周边疫情

您所在城市已有公布47个小区有疫情，距离您1KM内存在1个疫情点，3KM内存在4个疫情点。

Epidemic Nearby

复工 / 可营业场所地图
Returning to Work / Available Places of Business Map

在缓解控制阶段，产品与数据团队协同企业与政府提供可正常营业的商超、餐饮、酒店等信息，百度地图服务设计基于用户搜索与浏览POI信息的需求，将数据更新展现在使用路径，并可通过语音方式迅速启用查询与专题服务。

2）构建连接的意义

这些经历让我们意识到人类的生活不是独立存在的，而是伴随在与事物的连接互动中，而这种连接的方式、价值和强度，也决定了人类的生活质量与感受。

百度TPUE体验设计团队希望借由百度的技术与产品，去构建更多这样丰富且有意义的连接方式，帮助人们更好地连接环境、连接信息。

2. 构建人与环境的连接

今天的科技文明程度让环境的复杂程度急剧上升，它不再只是静态的地理位置和建筑集群，而是一个连通了多元素的综合空间。利用百度地图，我们希望帮助人们构建与环境之间更有强度的连接关系，就像是人与人之间从陌生到亲近的过程。

感知 PERCEPTION　　互动 INTERACTION　　融合 INTEGRATION

人 与 环 境 的 连 接
CONNECTING PEOPLE AND THE ENVIRONMENT

1）强化人与环境的感知——刻画复杂的环境结构

首先，我们希望在最初的感知中帮助人们迅速提升对环境的熟悉度。随着百度数据生产的AI智能化，我们不但可以精细地表达街道楼宇的外部结构，也可以刻画复杂的内部结构。

但环境的复杂性在于，环境中存在大量的变量因素。例如在一个综合商业空间里，人流量密度、商业活动、停车位、充电桩等各类服务状态，都可能影响人们如何与这个空间连接。

所以我们也希望尽可能地刻画出环境的瞬息万变，还原一个更即时、生动的世界。

例如，体现自然因素对环境的影响，提升人们出行的安全性。

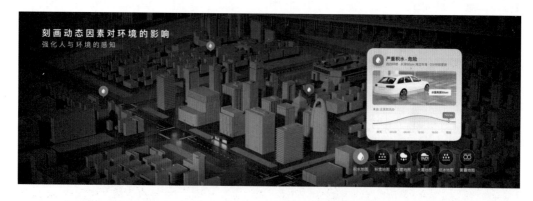

或者呈现出社会因素或突发事件的状态，加强人们对于环境的可控性。

甚至是通过地图服务刻画时间对环境的影响。通过时光机服务，帮助人们留住一段环境的过往，或者是呈现未来的景象，让人们对环境有更明确的认知与了解。

2）增强人与环境的互动——更有效的互动

最初的互动是建立信任的过程，应该节制、理性、提供真实有效的帮助。例如在导航引导的互动过程中，我们结合动态影像识别与高精定位系统，基于司机的实时位置，提供车道级的引导建议，更好地帮助用户决策和预判。

3）增强人与环境的互动——更自然的互动

进一步地，我们希望这种互动自然、舒适，减少情感上的隔阂，不会让人产生迟疑和困惑，鼓励用户以人最本能的方式表达意愿。

借助百度的语音合成技术和视觉转换技术，我们在视觉和听觉上都能够模拟一个更加真实的人，在提供便利性的同时，也传递情感能量。

4）增强人与环境的互动 —— 更主动的互动

而通过更频繁有效的互动，我们对用户能够有更深层的理解，根据不同个体的兴趣和特征，提供更个人化的地图形态服务。

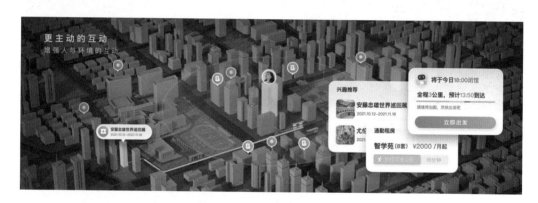

5）促进人与环境的融合 —— 更透明的环境协作

以个体、特殊群体作为构建连接的起点，面向更大范围的数据连接逐渐得以体现，成为智慧化城市的基础。

6）促进人与环境的融合 —— 更智能的城市控信

宏观调控、规模化部署，能够更有针对性地发现并解决城市交通健康的问题。无人自动驾驶技术也以此为基础能够更充分地发挥出它的优势。

7）促进人与环境的融合 ——人与环境的融合共生

大规模的数据融合，将人与道路、车辆、设备、服务真正有效地联通在一起，让资源和服务均能被更合理地分配与安置。

运用不同的体验设计形态去促进人与环境之间的感知、互动和融合连接，每一步搭建都将对我们的生活质量产生真切的影响。

3. 构建人与信息的连接

而除了这个看得见的物理世界，在今天这样一个时代，信息从某种意义上说正在构建一个无形的、更广阔的世界。

在信息技术高速发展的今天，对个人来说，信息的获取已经较为丰富和便捷。无论是知识的获取、服务信息的连接、与亲朋好友的交流，还是工作之余的休闲都能被很好地满足。

　　但面向组织的信息连接还有很多值得我们去探索。尤其在新冠肺炎疫情暴发后，远程办公、线上协同已经不再是选择，而是每个人都要面对的需要时，我们有责任去完善组织间信息连接的体验构建。

　　我们发现与个人信息的连接相比，组织内的信息连接有更明确的需求和目标：对于信息的即时性、延续性、完整性和结构性，都有更高的要求。

1）信息的即时性与多样性

　　在"如流"产品的体验设计过程中，首先要确保多样的信息被无障碍地传达出来，无论它是文字、语音、影像，还是多人协作文档等形式的信息，都能被顺利地表达与记录。

2）信息在不同场景的延续性

　　通过软硬一体的体验设计，让信息自由地穿梭在不同地场景和设备间，保证信息的连续性和延续性。

3）信息的完整性与有效性

利用计算机视觉识别技术，我们也能捕捉到线上沟通中容易被忽略的肢体语言，还原更真实的沟通场景。

借助自然语言处理（Natural Language Processing，NLP）和语音技术，在智能会议纪要中实时完成信息输出角色的识别、捕捉重点内容，让信息准确、完整、有效地被记录下来，同时也节省了工作量。

4）让信息的连接更有意义

信息更重要的价值，是它可以激发人的主观认知并创造新的价值。

人类大脑的神经网络，在接收到信息后会自动进行关联、筛选、组织，与自己原有的信息体系再连接后，形成新的知识和灵感。今天借助AI的能力，我们希望能为组织信息提供类似于大脑关联信息的方式，通过构建更多有意义的信息关联，激发个体与组织看到更多有方向性的东西。

（1）基于时间的重组。

看似混乱无序的信息，通过特定的线索提取，都可能发现其背后的内在联系。

例如以时间线为维度，看似散落在各部门、各角色间的信息，可能都依附于不同的时间点。通过服务流动模型以更加直观的方式呈现事态的发展脉络，服务于新的应用场景，让时间更容易被追溯掌控。

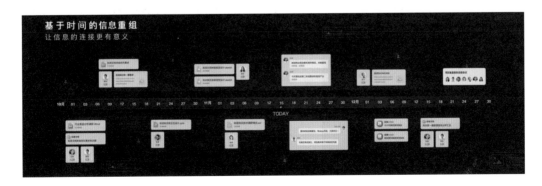

（2）基于个体的重组。

真正让组织充满可能性的是组织中的每一个个体。我们希望帮助组织中的每个人都构建更丰富的信息关联形式，帮助他们应对各种挑战。

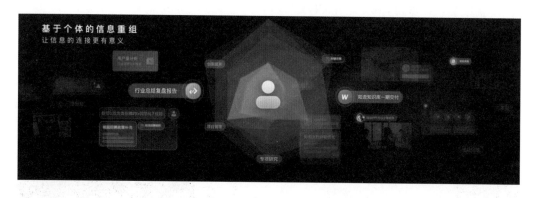

例如，构建知识库这样的信息形态，让个人可以高效地理解复杂事态中共同的目标与进展、跨团队跨业务的合作关系，以及各个脉络的发展状态。掌握的信息更全面，个体的胜任力也能够更好地被发挥出来。

基于不断地吸收更多新的、多元的信息，从而对所做的事、所在的领域有更好的理解和判断——这是我们构建"知识广场"的初衷。我们基于个人的专业领域、知识兴趣、人物关系，打破原有的组织局限，从更广的途径帮助个体来获取信息，或者是提供不同视角辅助新见解的产生。

这些新的信息组合方式，会与个人的知识、工作相结合，成为他的生产资源，创造出新的知识沉淀，再次融入到组织广泛的信息连接中去。它们将以恰当的形式，流转到各个应用

场景中，促成新的信息连接，让企业的知识网络更多元、紧密、强健。

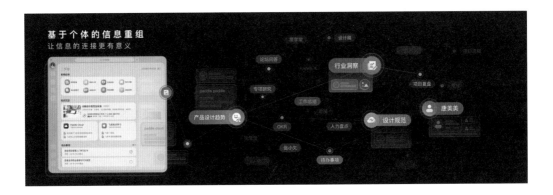

5）促进组织的方向性、活力、韧性

这样透明多维的信息重组，让组织的方向性更明确地体现和透出。个体的能力触角也得到持续延伸。这个过程让信息具备了自组织和自进化的能力，让组织更加具有韧性。

4. 结语

"连接"影响着人们如何看待和感受这个世界，以此来构建自己的生活。

连接人与环境，让我们更真实地从"所在的地方"去看世界；连接人与信息，允许我们从"不曾到达的地方"去看世界。

连接之所以重要，是因为每一种连接的背后，都是我们的探索、理解和追求美好的愿望。作为百度技术中台用户体验团队，我们关注人与环境、人与信息的关系；也关注连接的方式和意义。这种连接越丰富、越强壮，越能够帮助我们迎接各种崭新的变化，我们的生活也会因此而变得更加丰富多彩。我们希望在这个充满无限可能的时代，和大家一起亲手去创造一个美好的未来。

徐濛

百度技术中台用户体验团队设计负责人。2010年加入百度，先后负责百度手机浏览器、百度手机助手、百度外卖、百度地图、百度输入法、百度翻译、如流等一系列重要产品的体验设计工作。带领TPUE团队以设计驱动产品创新，持续探索在AI时代的产品设计变革与实践，面向用户与行业输出技术价值，形成可感知的服务设计，为用户与行业创造智慧化服务体验。在前瞻性设计研究及AI体验产品化应用方面均做出突破性贡献。

新冠肺炎疫情期间带领团队实现超过十项新冠专项服务体验设计落地，累积超过22.4亿次使用，被收录在中国信通院《疫情防控中的数据与智能应用研究报告》等多份政府与行业疫情研究报告中。

02 设计与研发：迈向美好未来的新型关系

© David Kusuma

疫情时代下，世界正在经历隔绝与孤立，而设计也迎来了为社会发挥重要作用的机会——让人们的生活更美好。

"绿色化"，是中国在向清洁低碳型经济转变的过程中减少能源消耗和污染的重点。伴随着以用户为中心的可持续设计，"绿色化"与"绿色主义"同根同源。"绿色主义"最基本的目标是提高人们对环境保护重要性的认识。在当今这个特殊时期，保护环境对人类具有特殊的重要意义。疫情期间，生态系统不断遭到破坏，气候变化引发的自然灾害危及许多人类的家园和生命，而许多动物也正在灭绝。"绿色主义"也是"环境保护主义"的同义词，它体现了环境与人类健康之间的直接联系。恢复生态环境唯一的方法是让人们明白可持续发展实践在日常的生产和消费行为中的重要性，以及在日常行为和习惯中的重要性。当然，实现可持续发展目标还需要技术和研究来提供科学知识和专业技能。

设计与技术创新是紧密相连的，这种联系是通过新材料、新技术和新研究的涌现而实现。设计是推动社会发展、环境改善和全球变化的重要力量和催化剂。WDO（World Design Organization，世界设计组织）一直倡导的口号是"用设计创造更美好的世界"，并以联合国可持续发展目标作为纲领。其中第12项发展目标"负责任的消费和生产"是17项发展目标中最重要的一项。它体现了设计如何为子孙后代改善生活质量与保护生态环境。新兴的技术每天都在涌现和发展，它们给了设计师更多的设计功能，让设计师去开发更多新产品以更好的方式服务全人类。

第12项发展目标鼓励人们有效地利用地球上的宝贵资源。中国也设定了减排目标，承诺大幅度减少碳排放，争取2060年前实现碳中和。因此，中国正在树立以身作则的榜样，为世界设定新的可持续发展目标。这一举动也让其他国家可以效仿。为了实现这一目标，中国和世界经济的转型都需要设计行业的帮助。我们需要改变饮食的方式、使用能源的方式、种植作物的方式、生产粮食的方式，甚至是每天上下班的方式。

WDO与全球很多国家的重点农业大学共同赞助了科研项目，让公司能够基于科学研究成果去研发食品保鲜盒。这些科研项目主要研究如何延长食物的新鲜度，研究动机是为了解决真实存在的全球食物问题。每年全球有13亿吨的食物被浪费掉，如果能正确储存水果和蔬菜并把它们当作有生命的实体来保护，那么就可以让食物保持更久的新鲜度和更长的使用时间，有利于减少食物浪费。其中的关键是让食物能够"呼吸"，用可控的方法将保鲜盒内部的二氧化碳排出去，再让保鲜盒外面的新鲜氧气进来，同时还要控制好保鲜盒里的湿度。因此在研究时把蔬菜按照低呼吸率、中呼吸率、高呼吸率分成了三种不同类型。

保鲜盒的密封滑块下面有一些小孔，根据所保存的食物类型去滑动滑块，改变留孔的大小，这样就可以调整保鲜时间以满足不同蔬菜的保鲜需要。保鲜时间最长可以达到28天之久。举个例子，西兰花是高呼吸率的蔬菜之一。研究人员用两组西兰花样本进行为期21天的测试，然后发现放在控制环境的保鲜盒里的西兰花的保鲜时间，远远超过了没有放在保鲜盒的西兰花。

第二个例子是WDO专为欧洲市场设计的奶酪保鲜盒。在欧洲，奶酪是饮食的重要组成部分，特别是法国和德国的部分地区，很多人会以奶酪和水果来结束他们的一餐。通常，欧洲奶酪水分含量非常高，并且会在保鲜盒内部产生冷凝，凝结的水珠最终又会落到奶酪上，非常影响口感和风味。因此，WDO与一家材料公司共同研制了一种特殊的薄膜来控制水汽传输速率。在材料的属性、厚度和表面积的共同作用下，多余的水分从保鲜盒里转移到保鲜盒外。如果水汽传输速率太高，奶酪就会变干；如果速率太低，则不能解决冷凝问题。所以，最终的设计需要达到功能的平衡。最后，这个问题被成功解决了。这款产品是一个完美有效的解决方案，也连续三年成为公司在欧洲市场最畅销的产品。其实它使用的物理原理非常简单，就是将水汽从蒸汽压高的区域转移到蒸汽压低的区域。而蒸汽压最高的地方永远是保鲜盒内部，因为水分蒸发就是在保鲜盒里发生的。这些设计以及科技的应用能够让消费者省钱，也通过减少因变质而浪费的食物减少了温室气体的产生。

材料和人类行为对环境也会产生重要影响。如果设计师真的关注可持续发展，那就应该考虑使用可替代材料，也应该通过设计去鼓励和实践负责任的行为。设计师可以为消费者创造机会让公众通过减少碳足迹来实现环保。当然，这在很大程度上与教育和引导有关。调查发现，如果引导人们在清洗日用品时不用热水而是用冷水，那他们的碳足迹就会减少一半。设计师要做的只是提供良好的设计，并对使用产品的消费者进行良好的教育和引导。

在过去的几十年里，消费主义和消费行为推动WDO进行大量的研究，设计师可以设计出更坚固、更耐用的材料。但同时不幸的是，有些被创造出来的材料过于特殊导致回收利用成为一个挑战。大多数设计师都了解面向制造和装配的设计。然而，很多设计师似乎已经失去了对"为拆卸而设计"的重视。如果你去商店里买一支牙刷，会发现很多牙刷由六七种不同材料制成，而它们都不能被回收利用，因为这些材料都不是面向拆卸而设计的。

WDO的设计师进行了一个实验，把回收材料混合在一起制成碗，并在其中加入几种颜料。不同颜色的颜料有不同的熔点，这样就会产生分色效果，这被称为拖尾效果。由于颜料熔化的随机性导致每个碗都略有不同，但这个过程让可回收材料创造出惊人的视觉效果。不过出于安全考虑，用于食品储存或与食品直接接触的设计产品不适合用回收材料制作，因此，设计师最终采用了一种叫作化学循环的方法，将聚合物材料转化为原来的成分。这个过程叫热解，是利用高温和可控条件将旧材料转化并创造出新材料。通常这些材料会被直接丢弃，但设计师将这些材料回收并生产出新的产品，制作出的产品包括咖啡杯和购物袋等。

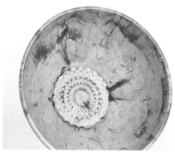

许多设计师或许已达成了一种共识，那就是必须通过行动去构建一个可持续发展的世界，一个人们愿意生活于其中的世界。前文的案例研究展示了研发和设计的紧密联系，以及相互协作如何激发出创新成果、如何激发出将人类利益最大化的新型竞争优势。

此外，合作与伙伴关系也有着重要的作用。第17项发展目标将知识共享放在重要位置，让世界共享经验和策略成果以推动各国实现联合国可持续发展目标。在设计行业，只靠自己去完成所有任务是不可能的，设计师需要用跨学科的方法将技术、以人为本的设计和设计思维相结合，与各个学科共同努力去实现最完美的设计方案。设计师也要与他人合作去拓展极限，为社会提供切实可行的有益成果。

世界设计影响力大奖每两年颁发一次，由WDO成员颁发给设计驱动型的项目以示表彰。这个奖项对提高公众生活的环境、经济、社会和文化质量都有积极的推动作用，能帮助解决严峻的社会问题，如水资源短缺、废物处理以及不安全注射等。该奖项在全球设计界产生了显著的影响，历届获奖者为一些最为紧迫的社会问题提供了可持续的设计解决方案。

疫情给世界带来了巨大的挑战，设计为消费者创造价值的需要从未像今天这样迫切，设计师必须竭尽所能让消费者用最小的花销实现价值最大化。这意味着设计师要设计大众喜爱的、能最大限度发挥作用的产品，同时产品还要有耐用、美观、易用等特点。产品要让消费者买得起，还能帮消费者提高生活品质。设计和科技都将发挥有力作用，去帮助寻找应对新冠肺炎疫情的解决方案。

　　虽然在过去一年中人们彼此隔绝，世界也发生了很多变化，但我们仍应该意识到关乎人们价值观和基本需求的很多事情并没有改变，也没有受到新冠肺炎疫情的影响。所以，只要我们坚守初心，坚守人类最基本的价值观，那么就能继续帮助世界实现长期的发展目标。让我们共同用设计创造更美好的世界。

David Kusuma

　　世界设计组织（WDO）当选主席，克兰菲尔德大学博士，普渡大学市场营销学理学硕士，蒂尔堡大学工商管理硕士，匹兹堡大学机械工程学学士，卡内基·梅隆大学美术学士学位，美国工业设计师协会（IDSA）会员，塑料工程师协会（SPE）会员。

　　在特百惠品牌公司担任了20年的研究与创新副总裁。近年加入俄勒冈工具公司，担任产品管理与创新高级副总裁，总部设在美国俄勒冈州波特兰市。他的重点一直是通过实施开放式创新合作伙伴关系来跨越传统的创新界限，以创建改变游戏规则的产品解决方案。在加入特百惠之前，他在通用电气塑料集团担任全球经理，设计车辆工程，领导开发聚碳酸酯作为汽车车窗系统玻璃的可行替代品。在此之前，他还曾在拜耳材料科技有限公司工作。

建筑和未来工作：数据时代的结构与符号

◎ Barry Katz

我想分享我一直在研究的硅谷建筑的最新发展。硅谷一直是众多领域的创新中心，不过，建筑似乎一直未列其中。相反，硅谷的大部分地区都平淡无奇、毫无特色，有一种被密密麻麻装在一起的集成电路板的感觉。这不禁让我产生疑问，为什么技术创新和建筑环境之间存在明显脱节呢？为什么科技没有发展出属于自己的建筑语言呢？

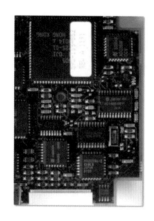

我觉得答案可能有三个因素。

第一个因素是经营规模。想想20世纪初的工业建筑，例如阿尔伯特·卡恩在20世纪20年代为福特汽车公司建造的著名建筑。建筑本身就传达出在其内部正在发生的工业制造过程，如重力加载传送带、移动装配线、可容纳数千名工人的棚屋等。相比之下，想想信息时代对技术的要求，与20世纪的汽车、钢铁、石油化工等宏大的产业结构相比，第四次工业革命诞生的产业是以数据为核心。而数据是无形的，看不见摸不着。我们清楚地知道需要什么样的建筑来保证汽车的生产，但我们对支持算法编写的建筑类型知之甚少。

第二个因素是发展的速度。想想摩尔定律，在过去的几十年里，几乎每年都会涌现出全新的平台技术，以及随之而来的新公司和新行业，今天还在含苞待放，转眼就成明日黄花。我们也习惯了不是递增式而是指数型的发展，这是在人类历史上从未有过的事，建筑也一直在努力跟上这样的发展步伐。

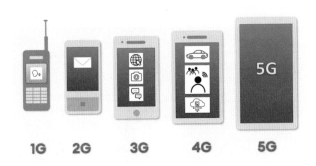

第三个因素是硅谷的创业文化。每年都有数百家新公司在此成立，这些公司把自己塞进任何一个可以买到、借到或租到的建筑里。即使在取得成功之后，也几乎没有一家公司投资建造属于自己的大楼。例如，谷歌公司在硅谷有700多座建筑，却只有一座是自己建造的。以脸书公司为例，在大约15年的时间里，它从帕洛阿尔托市中心一家珠宝店楼上的两个小房间，搬到了废弃的惠普制造大楼，又搬到了早期网络巨头太阳计算机系统公司的废弃园区。如今，脸书对办公地点的"探索"仍未停止。

以上这些因素都偏爱建造快速、经济且灵活的建筑，例如预制的办公综合体、通用的科技园。当然，这让某些开发商很快就赚得盆满钵满，也给建筑师提供了很多工作机会，但是我不确定它是否有利于高品质建筑的发展。而这种高品质在过去的2000年中一直是伟大建筑的代名词。

维特鲁威提出，伟大的建筑应该具备三个品质：坚固、实用、美观。坚固就是稳定性、坚实性、耐久性，换句话说，建筑应该屹立不倒。实用就是效用性、有用性、功能性，建筑应该做它该做的事，应该满足其内部的功能要求。美观就是优美、雅致、富有魅力，建筑应该表达周边社会的价值，并推动其发展。

除了坚固、实用、美观之外，21世纪的建筑还应该智能化、数字化、绿色化。基于这个原因，我对硅谷科技领域的一系列新发展感到非常激动。我一直在研究五家位于硅谷的公司，分别是脸书、谷歌、英伟达、苹果以及微软。这五家公司都是有史以来第一次在硅谷建立自己的园区，其中至少三家是市值万亿美元的公司。因此，它们有资本也有技术在工作性质和未来的工作场所方面进行大规模的实验。这些公司已经挑战了建筑技术的极限，它们对建筑师要求的解决方案将深刻地影响全球的建筑和设计行业。

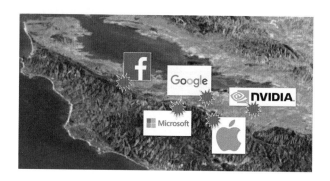

接下来我想分享一下我最近研究的三个案例。第一个是谷歌，它聘请了伦敦的托马斯·赫斯维克工作室，以及哥本哈根的比贾克-英格尔斯集团。这两家设计公司共同合作，为谷歌创造出一个新的园区。谷歌给设计师的要求说明里包含了以下元素：

第一，技术创新，且应该是可视的、外显的；

第二，材料科学的突破性创新；

第三，美观、简洁、不朽，这是对维特鲁威原则的延续；

第四，要在雄心勃勃的设计与杰出的工程技术之间达到平衡，为谷歌的员工提供卓越非凡的工作体验。

下图是2021年夏天拍摄的一座在建大楼的鸟瞰图。大楼一共有三层，最上层是由光伏板组成的顶棚，由一层一层的光伏电池将能量输送到整个园区。底层的主题关于生态恢复，它的另一个特点是与社区紧密联系，在做好保密工作的前提下，谷歌希望邀请周围的社区居民参与到园区体验中来。

中间的一层围绕"人"来建造。我们知道位于硅谷的公司面临的最大挑战是人才——如何吸引人才、招到人才、留住人才。而事实证明，建筑正是吸引最优秀、最有才华的人才的一个主要因素。因此，谷歌致力于为员工提供最好的工作体验，弱化在办公室和在家里的区别，创造一种能够弱化这种区别的环境。

我想和大家分享的第二个例子是芯片巨头英伟达公司，它聘请的是晋思建筑公司。这里还有一个有趣的背景故事，2008年英伟达计划拆除当时的公司大楼，建造四座八层的塔楼。这本将又是一个毫无特色的硅谷科技综合园，但紧接着经济危机发生了，当建筑项目又重新启动时，英伟达的首席执行官黄仁勋提出了一个新想法：新的公司大楼将由三座建筑组成，代表芯片本身的基础几何形状——三角形，这正是英伟达的专长。

下图是建筑效果图，图中显示了三座拟建建筑中的两座。右边这座名字叫"奋进"，已经投入使用了。左边这座叫"旅行者"，也即将竣工。第三座图片上看不见，已经开始了概念设计，还没有命名。三座建筑的设计原则除了形象地使用代表芯片的三角形以外，还包括其建造过程与英伟达设计和制造芯片的过程及方法完全相同。建筑师根斯勒使用了英伟达自己的光线模拟渲染器Iray制作出空间实景图，这让建筑师和客户可以戴上英伟达的虚拟现实设备、增强现实设备和耳机在虚拟空间中实时漫游。这是一种建筑领域的元宇宙，非常符合英伟达的企业形象。

在建筑内部，其设计旨在帮助软件开发团队增强合作，打破沟通障碍。其中一个亮点是撤掉墙体，让人们在大楼里一眼就可以看见彼此。如果两人是在不同的楼层工作，产生交流的次数会急剧下降。如果是在不同的建筑里，人们的交流次数会降至个位数。因此，这种设计旨在促进交流沟通，这对于软件开发团队来说是至关重要的。

　　第三个案例是微软公司。智能化、数字化、绿色环保的工作场地，正是这家位于旧金山的规模稍小的建筑工作室——WRNS关注的焦点。这个园区将是微软公司所有建筑中最绿色环保、最关注环境的一个。以下照片是2020年夏天正在建设中的园区，可以看到刚刚铺设的交错层压木材屋顶，这种新兴的技术又称为重型木结构，它的建造效率很高，并且有固碳的作用。建筑的屋顶是可以活动的，园区还将收集和储存降水，还会有热能储存的设计。在过去的几百年间，各大公司为自己建造的那些纪念碑一般的奢华建筑，无一不是对公司创立者和管理者个人英雄主义的赞扬。而相反地，微软公司在硅谷的新园区几乎隐匿于自然景观之中，这反映出微软公司关于自然对情绪、身体健康和心理认知影响的研究。

　　微软本质上是一家数据驱动的公司，它在不断收集其员工在生产力和生产方式方面的数据，并利用这些数据充实其设计理念，而非凭空创造出一个设计理念，再让人们去适应这个理念。

如今，由于新冠肺炎疫情带来的影响，我们正在进行一项全球性的实时实验，这项实验关于工作与生活的关系，关于空间与创造性的关系，关于数据与设计的关系，我们不得不参与这场实验。或许未来科技工作者将回到他们的办公室工作，但这场实验也将继续进行。

 Barry Katz

第一位IDEO研究员，也是旧金山加州艺术学院工业与交互设计教授，斯坦福大学机械工程系设计组顾问教授。他是六本书的作者，其中包括《通过设计改变》（*Change By Design*，与蒂姆·布朗合著），以及《创新：硅谷设计史》（*Make it New：The History of Silicon Valley Design*，*MIT Press*）。Barry将他在历史和设计理论方面的专业知识用于与IDEO项目团队的工作，在那里，他从事MRI成像、信用卡、药品等项目的前端研究。他的"叙事原型"通常是为设计团队提供简报、为客户做演示，他还协助各种形式的写作和编辑。他认为，无论是技术性的还是未来主义的，没有一个项目不能从历史和文化的角度来丰富它。

04 老龄化与科技：设计思考和社会影响力

◎ Dr. Chaiwoo Lee

　　众所周知，各个国家正在经历着人口老龄化，包括中国，虽然不同国家和地区的老龄化速度有所不同，但这一现象确实无处不在。人口调查局表示，中国人口老龄化达到有史以来最大规模。这不仅是人口数量的变化，这种变化还会对经济产生切实影响。

　　2020年全球60岁及以上人口的消费额约为15万亿美元。老年人不仅消费量大，消费方式也与过去有所不同。如今老年群体的消费习惯和需求不同于年轻人，也不同于过去的老年人。在未来10年到20年甚至更远的将来，新的变化会不断发生。

　　因此，为了让人们过上更长寿、更健康、更有活力的生活，公司和组织需要从战略角度去思考和适应，使产品、渠道和服务更加适应老年群体的需求。但是，产品、服务和广告几十年来一成不变，无数产品所提供的服务和营销活动都假设老年人只需要坐在他们的家里，似乎只需要考虑他们的身体健康和安全，能够满足人类的基本需求就够了。即使在过去几十年里发生了技术的进步与生活方式的改变，但许多组织、公司和个人仍然相信老年人只是得过且过，而不是过得更好。变老确实会伴随着身体和认知能力的变化，以及社会环境和人际关系的变化。然而，仅仅关注这些挑战和限制只会导致产品设计师和服务供应商错过一个巨大的机会和强有力的细分市场。当前许多关于老年群体的观点是过时的，有些甚至是错误的。大部分针对老年人的产品和服务都是围绕着错误的假设和偏见去开发的，所以许多新产品一次又一次地被这个群体忽视。而他们需要的是有吸引力、有用、有趣的产品。

　　老年不只意味着身体虚弱和生病，相反，随着年龄的增长，老年群体更多的需求是关于维持独立和理想的生活方式。所以，产品设计师和服务供应商应该抛开成见，找到积极、有效、可取的方式来满足现在和将来的老年人需求。即使步入老年，人们仍然希望能够创造和贡献，仍然想要去积极参与社区和社会活动。同时，随着社会环境的变化，老人对便利性、连通性和护理的需求也有所增加。设计师更需要关注这些价值观并思考产品或服务应该怎样迎合这些价值观，而不仅仅是尝试去解决单一的问题。

　　目前围绕老年群体的设计主要集中在健康和安全方面。但正如其他年龄段的人一样，老年人也想过得更好。为此，设计师也要考虑更有抱负和期望的价值观，针对老年人的设计应以提高生活质量为目标。这些设计的基础是要理解"生活质量"的广义概念以及需求、期望和价值观之间的分级与相互联系。

　　麻省理工学院年龄实验室（MIT AgeLab）将人口老龄化视为变革和创新的机会，而不是需要解决的问题。研究的核心是理解技术的作用，开发和改善不同年龄段人们体验技术的方法。该实验室通过多种途径去考虑和研究跨学术与跨行业领域的影响，以及工作将如何与理论、设计、市场动态和政策相关联。虽然针对老年人的研究和设计常被误认为聚焦于医学，但年龄实验室也试图关注老年人生活的其他方面，例如非正式家庭护理、交通和流动性、住房和社区、财务管理和规划等，这些对人的生活质量有着同样重要的影响。更重要的是，技术进步和趋势涵盖以上这些领域。设计考虑因素以及内涵适用于各个层次和阶段，例如从构思和战略开发到系统级设计，再到界面和交互的详细设计。

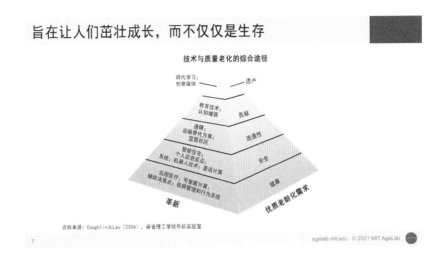

"戴茜小姐"是一个驾驶模拟器。研究者使用"戴茜小姐"和道路上的研究车辆一同来研究驾驶中的"人"，以及研究驾驶员与车辆间的互动如何随着年龄和其他特点来变化。在年龄实验室里，研究者关注交通系统和基础设施，并且思考如何设计出更好的社区，提升不同年龄段和不同能力人们的流动性。最近，研究者正在研究不同水平的车辆自动化以增进对未来驾驶的了解，并研究老年人和年轻人的观念和态度以便更好地设计相关技术。

"C3项目代表了便捷（Convenience）、连接（Connectivity）和关怀（Care）"，是目前在家庭住房领域进行的项目。在这个研究项目中，研究人员与设计专家、技术思想领袖以及早期使用者共同沟通与想象未来的家庭。其中一部分是研究家庭技术和服务的演变，以及怎样创建更多的综合设计以改善老年人及其家人的用户体验。例如现在已经制作出的家庭技术套件样品，不仅可以装在盒子里运送，还可以使用非敏感的环境数据以交互的方式向人们传递关于家庭的信息。研究人员也在老年人和年轻人的家中进行实地研究以了解使用经验与感受，从而找到改进的方法。这一研究将推动未来的家庭设计成一个平台，而不仅仅是一个空间。

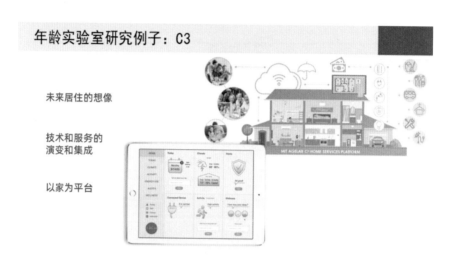

科技在社会互动与陪伴领域也有一定的作用。目前研究人员正在研究机器人和各种通信平台对人类联系所进行的补充。研究人员通过观察其中的技术去寻找新型的互动和界面设计，以促进相距遥远的亲友之间富有意义的沟通和接触，并增加远程护理的获取途径。

AGNES是"即刻增龄同理心系统"。它不是某个特定领域的产物，而是用来建立同理心的工具，以鼓励和促使设计师以不同的方式思考他们在为谁设计。所以，AGNES是一套"服装"，能够模拟随年龄增长而出现的一些常见的生理缺陷。年龄实验室设计这个系统是希望能让设计师真正感觉到老年人的痛点，从而更加重视用户而不仅仅是依靠假设。设计师可以直接去问老年人的感受，但不一定会得到真实的答案。因为用户会不愿说实话，老年人有时候不愿意承认他们有麻烦，也不愿意表达相关需求。此外，衰老并不是突然发生的。对于大多数人来说，衰老是持续几十年的渐进式变化，人们往往已习惯或有办法去应对这些变化，反而不相信设计可以解决他们的问题。尽管AGNES模拟有限，但设计师若能站在老人的角度体验与衰老有关的变化，就会明白需要解决的问题并准备好应对这些挑战。像AGNES这样的产品可以很好地补充询问潜在用户的办法。

长寿是神奇的礼物，但也伴随着一系列复杂的问题和巨大的机遇。长寿不仅意味着年岁的增加，也密切关系到社会交往以及护理等需求变化。寿命的延长会带来诸多复杂且重要的设计挑战。

设计师需要继续观察周围环境的变化，新的技术突破和进步将对不同领域产生巨大影响。设计师需要随时关注相关技术趋势，识别相关产品和服务设计的机遇。同时也需要考虑社会、环境和地缘政治的变化及事件将会怎样影响用户对产品和服务的感受。人们与所使用事物的互动往往不完全取决于自身，而是受到法规和标准、经济条件和投资、政治环境，甚至公共安全和健康的影响。例如新冠肺炎疫情对于老年人的相关产品和服务有着强烈的影响。

千禧一代最年长的已经40多岁，而X时代的人也即将迈入60岁。这些时代的差异不仅在于不同的年龄，也在于不同的人生经历。他们所熟悉的技术、从小用到大的产品、喜欢的服务、与他人互动的方式、对工作的看法、组成家庭的方式等方面的差异，都将决定设计师会面对什么样的新需求和新期待，以及设计师需要如何适应和满足这些需求和期待。

Dr. Chaiwoo Lee

　　麻省理工学院年龄实验室（MIT AgeLab）首席研究科学家。该实验室致力于发明新思想和创造性地将技术转化为实用的解决方案，以提高年长者和照顾他们的人的生活质量。

　　Dr. Chaiwoo Lee的研究重点在于了解跨代人对技术的接受和使用，并观察人们对新设备和新服务的看法、态度和体验。她最近的研究探索了各种技术领域，如智能家居、汽车自动化、共享经济服务、虚拟现实、人工智能、机器人等。在不同的应用领域中，她的研究旨在深入了解用户行为和决策，围绕社会影响展开讨论，并为以人为本的未来产品和服务设计寻找启示。

高端、奢华的产品类别与社会责任之间的平衡

◎ Andre de Salis

当开始做设计的时候，我非常关注价值感知，但从来没有想过它对社会的影响。到今天，我做的很多设计都被扔进了垃圾填埋场。这让我思考什么是好的设计。当我们进行设计时，首先寻求的是改善用户的体验。在这样做的同时，我们是否也能改善每个人的体验和生活质量呢？这是当然的。为了做到这一点，必须承认我们的贡献可能是无法量化的。可以用你的财富总和来计算你的净资产，但生活质量是一个真正无价的、无法量化的、主观的概念。当谈到设计时，我们不能总是依赖数字。我们能做的是揭示主观的、情感的和不可量化的价值，并以更大的目标引导选择。

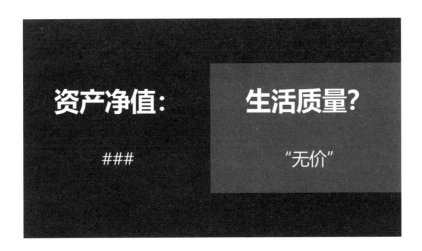

还是有许多东西是金钱买不到的。现在很多人已经从收集物质财产转变为收集经验。因此，在基础设施方面，未来的体验需要"少而精"。设计能够真正让"少"变成"精"。接下来我会分享一些例子，展示精致、优质的设计如何促进积极的社会变革。

例如，一些海上风力发电场，就社区生活质量而言，它们付出了巨大的代价。我们不禁会想，如果我们能让这些金属消失呢？事实上，在某些地方是可以做到的。我们团队很幸运地收到了一家名为Orbital Marine Power的漂浮潮汐发电机制造商的邀请，帮助他们设计下一代产品。社会认同是这个项目中最重要的任务。我们将发电机设计成在远处几乎看不见，接受你的项目不应该总是引人注目，这是认真承担社会责任的第一步。对于这个潮汐发电机，我们让它隐藏在自然环境中，例如海洋中的一座桥，也许它可以成为一个艺术装置或一个游览目的地。然后我们使用生成设计来优化材料。新的计算工具不仅使设计更高效，也能在视觉上得到无法用手绘实现的有趣结果。最后，它也需要是看起来值得投资的重要设备，在这种情况下，设计是将资金投入社会责任项目的关键。

　　车辆制造商MCI也带着一个特殊的使命与我们接洽。他们希望我们找到一种方法，使行动不便的乘客更方便乘坐长途、双层的通勤客车。传统使用电梯需要10分钟的时间来搭载一个轮椅乘客。通过租用一辆电动轮椅模拟行动不便者，我们自己进行了两种上车方式的测试，并提出了一个分离的地板和坡道的解决方案，这将时间减少到2~3分钟。我们设计了一个有窗户、显示屏、储物空间和环境照明的宽敞前厅，结果这种车得到了倡导组织的支持，被公共交通机构采用，甚至也被一些有自己车队接送员工通勤的大公司采用。

　　我们还被委托进行超级高铁的内饰设计。这是一辆基本上在真空管中行驶的磁悬浮列车。迪拜交通公司（Dubai Transit）已经与维珍 Hyperloop One达成协议，建造一条从迪拜到阿布扎比的试点线路，我们设计了首个内饰原型。这项技术比公路运输更节能，将通勤时间从1小时缩短到12分钟，但首先你得说服公众坐进时速700千米、没有窗户的列车里。对此我们提出的想法是将一种高科技的、超凡脱俗的元素与熟悉的中东文化混合。我们运用了大量照明，通过将照明与强烈的架空和车厢颜色相结合，实现了宽敞的效果。此外，我们增加了娱乐屏幕、舒适座椅等拓宽物质享受。当它在迪拜科技博览会上展出时，参观者们都被迷住了，想象着有一天能坐上这辆列车。

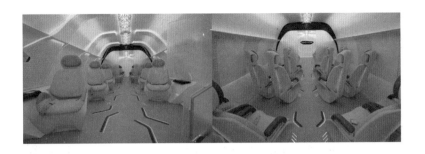

　　向新能源过渡时，整个交通生态系统必须重建。解决交通拥堵的方法是多式联运，汽车行业已经有了纯电动汽车，基础设施也在建设中，空中出租车也将发挥重要的作用，特别是它们可以帮助推广氢燃料电池。创业公司Alaka'i要求我们设计空中出租车的体验，我们也做到了。我们把座位排布成V形，这样每个人都能看到最好的景色。我们还为空中出租车设计了一款叫车应用，并为这种交通方式设想了一个签到序列。最困难的部分可能不是车辆设计，而是基础设施的设计，但你需要车辆和整个体验的设计来吸引投资进入基础设施。这就是设计的力量，对美好未来的展望推动了新基础设施的发展。

　　今天的电子竞技和其他任何运动一样，有团队、粉丝、赞助商和大量资金。宝马还赞助了多个战队，并提议为这项运动做出有意义的贡献。一开始，我们思考该如何提高玩家的表现，立刻想到的就是久坐对健康的负面影响，提出了一个可以自动调整玩家状态的游戏座舱。玩家的生物特征数据会被发送给AI助手，AI助手会操控座舱，调整姿势、环境因素，并让玩家在不经意间一直缓慢移动，我们称之为"自动疲劳调节"。希望这样的系统能够提高玩家的表现，同时减轻电子竞技对健康的负面影响。我们将其作为一个开源平台，与研究和开发伙伴分享了我们构建的两个原型，从中你可以看到座舱的运动范围和各种预定义的模式。

有些人可能认为游戏和社会责任不应相提并论。但现实是，这些都是我们世界的一部分，设计进步和经济增长不能通过从人们手中夺走东西来实现，那是在倒退。我们需要不断地为用户和所有人提供更好的解决方案。

看看应用周期中的成败时刻，就会很清楚，我们真正需要取悦的是首先小众和高端的买家。当一项新技术没有得到充分发展时，它就无法在价格上与成熟的技术竞争。所以体验和设计需要说服人们为它支付更多的钱，直到它完全升级。豪华、高端和高性能的品牌在说服买家以更高的价格采用新的解决方案，在品牌升级的早期阶段发挥着关键作用。

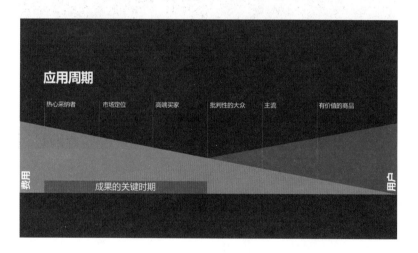

多走出去看看现实的事物。即使你在设计数字产品，也要看看那些使用你产品的人，不要指望在别人扔进你收件箱的研究文件中找到答案，人们看重的东西是不断变化的。告诉人们你认为最酷的东西，告诉他们最酷的东西是新的东西，而不是旧的东西。

改变我们的价值体系，这是成功的关键。从不负责任的设计过渡到负责任的设计，这让我们成为更好的设计师。这不是放弃什么，而是让一切变得更好，这是我们持续增长的机遇和挑战。

Andre de Salis

宝马Designworks工业设计资深创意总监，他的设计项目跨越了三大洲，慕尼黑、新加坡等地都有他领导或参与的项目。

Andre拥有领先咨询公司和跨国公司的工作经验，是一位非常多才多艺的设计师，擅长工业设计、环境设计、设计策略、设计语言、愿景和创新，以及多领域ID/UI/UX合作设计。Andre和他的团队为宝马集团旗下品牌MINI、BMW以及惠普、维珍航空、Audeze、Corsair、Stratasys、MCI在内的众多客户提供设计解决方案，屡获殊荣，近期IF获奖作品包括Skai氢动力垂直飞行器（2020年）、The North Face camper（2020年）、Orbital潮汐发生装置（2021年）和Stratasys J55彩色3D打印机（2021年）。

第2章

成长与管理

数字化体验管理：以体验指标赋能客户体验洞察与行动

◎ 张挺

在数字化转型的时代背景下，日益增长的用户规模与多元化反馈渠道，给传统的用户体验调研和量化的方式带来了诸多挑战：调研周期长、无法做出高效敏捷的反应；从体验洞察到实际业务落地效果不佳；用户体验的提升与企业增长存在鸿沟……

另一方面，随着顾客对企业的影响力进一步扩大，越来越多企业开始重视客户体验的经营与提升，体验这个概念逐渐从产品创新和服务设计的层面，向着更高一层的企业管理层面发展。

客户体验管理的概念在体验行业的发展中崭露头角，因其能够对全旅程、全渠道进行实时化的体验监测，基于客户体验数据驱动形成体验洞察，同时结合企业不同角色职能与管理流程机制，围绕业务团队目标高效推动产品和服务体验的提升，而被视作是企业增长的全新竞争力。

1. 体验管理前景无限

当下很多的企业都在讲体验，说经营客户体验于企业、于客户而言都非常有价值，但客户体验的价值到底体现在哪些方面？

美国企业 Qualtrics 经由多年研究数据发现，让客户满意的体验能够产生88%的复购率，也会让91%的客户愿意原谅一次失败的体验。研究咨询公司 Forrester 在2018年也发布过一项研究结论——在银行、酒店等行业中，客户体验与商业发展呈现指数型的函数关系，即体验的提升能给商业增长带来加速上升的趋势。

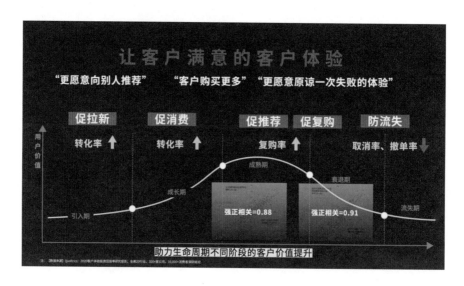

我们在与银行业多年来的接触中，非常明显地感受到银行业近两年着重强调"给客户提供极致的体验"这件事，在客户体验上的投入也收获了营收增长、转化增长以及 AUM（Asset Under Management，资源管理规模）提升的可喜成绩。无论是潜客的转化、新客的激活，还是持续的传播和推荐，或是对流失客户的召回，客户体验在其中都扮演着重要角色。

随着客户体验和用户增长、业务增长等商业目标的关系逐渐被重视，这两年和我们讨论体验管理相关类型的项目的合作企业也越来越多。无论企业是从0到1搭建体验管理体系，或是在原有的体系基础上进行迭代优化，都面临着各种各样关于体验管理开展以及实际落地的问题。

同行是怎么做体验提升和体验管理的？我与竞品之间的差距和优势在哪里？体验指标与业绩指标该如何建立联系？NPS（Net Promoter Score，净推荐值）、CSAT（Customer Satisfaction，客户满意度）这些体验指标与行业内的其他评价标准有什么区别？这些问题归纳下来，是关于指标构建、调研规划、数据统计，以及分析下钻的问题。

在企业诸多的管理机制中间，客户体验管理还只是一个新生的物种。许多企业都期待体验的提升能够带来更多商业增长，却仍未找到体验管理与流程管理、绩效管理、客户服务管理等原有的管理体系形成合力的办法。而今天我想介绍的就是如何让体验量化的管理与企业其他管理有效结合，实现1+1>2的商业增长效果。

2. 从体验量化到情景化体验管理

体验量化这个话题发展至今已有30多年，其间国内外的企业和组织制定了各种体验的量化指标，如 CES（Customer Effort Score，客户费力度）、NPS、CSAT 等，并且结合了行业标准的质量评估模型，形成了不同垂直领域下的体验度量体系。

综合来看这些指标与模型，部分是基于客户的体验感知来进行量化形成数据，我们称之为 X-Data（体验感知数据），另一部分则是纯粹来自客观的运营数据的行为，包括用户行为类的数据和结构类的业务绩效数据，我们将它们统称为 O-Data（运营数据）。

所谓的体验管理并不是制定了体验量化指标以后，发几套满意度调研问卷，定期做个 NPS 行业调研就算结束了，而是需要实时、精准、敏捷地监测客户体验，并将体验洞察应用在企业实际的经营中。

如果要想实现有效的体验管理，不仅仅要有合理的指标体系，同时也要有合理的调研方式。目前市场中存在一个大趋势，即传统的事后体验测评正在被场景化的客户体验测评所取代。

传统的体验调研大多站在调研策划者的视角来制定调研的问卷，成本高、周期长、题量大、结构复杂、无针对性。客户需要回忆过去某段体验，来评价对于接受到的服务的整体感知，因此企业获得的数据分析都是局限于过去的总结型的问题统计和分析，跟不上快速变化的市场需求。

事实上，客户不互动就流失的这种现象在实际业务中非常普遍，客服投诉后才流失的客户仅占整体流失客户的1%，大多数流失客户并不会告知企业哪里做得不好便已离开，这是一件非常可惜的事情。

情景化问卷的优势在于它是基于客户旅程中的触点而设计的，自然、轻量化的客户互动的机制，能够主动去探索客户的体验感知和需求，促进客户和企业之间互动关系的养成，让客户愿意在我们所设想的这些环节节点来表达他们实际的心声。

以我们常见的情景化问卷为例，有些存在于用户实时的操作系统中，在某个步骤操作完成后推送给用户，询问对服务是否满意，是否愿意推荐给他人；还有一些互动问卷会聚焦在特定的场景，例如询问客户取消订单的缘由，客户认为服务不到位的原因，或是对企业服务和人员服务分别进行征询。

在整个业务链中不同的触点和场景进行互动型体验感知的评价更具针对性，获得的客户反馈也更加真实直接，可以帮助企业体系化地探索到客群转化的阻力点，以及未来发力的机会点。

3. 基于 X-Data 的客户体验管理体系

　　构建场景化、互动式的体验管理体系，需要基于客户旅程中的触点，设计更自然的客户互动机制，主动探索不同场景下的体验感知、客户需求，辅助营收机会点的挖掘，培养客户与企业互动的习惯，从而实现客户价值更大化。

　　近两年，我们经由多年的项目经验总结出了一套客户体验管理的方法论——ETU HoneyMoon客户体验管理体系。我们的思路大体是从底层客户旅程梳理开始，监测指标体系构建，规划触点调研机制，下钻分析体验数据，最终实现业务的优化和提升。

　　我们在这个体系中融合了客户旅程研究、指标模型构建、NPS、CSAT 问卷调研等多种体验研究方法论，经由三个阶段——体验衡量构建、体验现状收集、问题预警与追踪，全面实施不同旅程和业务指标的埋点和监测，精准锚定提升客户体验的发力点与痛点。

1）体验衡量构建

　　主要通过对客群/渠道/业务的旅程梳理，提炼核心客户旅程中的"关键点"和"痛点"，结合量化指标的定义，定制适合企业的体验衡量指标模型，规划旅程中适用于客户反馈的互动节点及互动机制，从而主动收集并且量化关键节点的客户体验感知，体系化衡量不同业务、不同产品线的体验现状与客户需求。

2）体验现状收集

　　基于客户的业务触点与体验旅程，结合实际场景，明确推送渠道、推送时间节点，定义完整的问卷触发规则，以客户易理解、企业易归因的评价标签形式，收集客户主观意见，获取影响客户体验的"关键点"和"痛点"，映射到企业组织架构中制定相应的改善方案。

3）问题预警与追踪

　　当指标体系投入产品线产生数据后，主要进行触发和回收数据的监测和维护，并进行阶段性的优化和调整。而数据的分析和展示，都需要结合企业自身的职能和关注视角，以满足各级别使用者的需求为目标，制定体验数据的管理机制，实时监测和分析客户体验数据的变化趋势，并在低分预警触发时快速响应、追踪问题、落实解决，有效减少客户流失。

以核心业务的客户旅程为中心，通过客户体验的衡量指标模型，多渠道收集、分析及管理客户体验。这不仅有助于培养客户与企业间的亲密互动关系，也能够让企业内部各级人员实时把握客户体验的变化及背后的问题及趋势，敏捷指导业务的优化与创新，持续赋能商业价值的增长。

4. 数字化体验管理闭环：X-Data + O-Data

除了 X-Data 的收集与应用，对于 O-Data 的数据监测在体验管理体系中也至关重要。ETU 结合了近几年的项目经验，总结了一套帮助企业去构建 O-Data 管理体系的思维框架。

O-Data 的管理框架，需要基于不同行业的实际业务底层逻辑来进行定制。结合客户生命周期来看，用户运营数据包括用户行为类指标（如新增用户数）、业务绩效类指标（如业务交易量），以及系统运行类指标（如功能相应时长）。

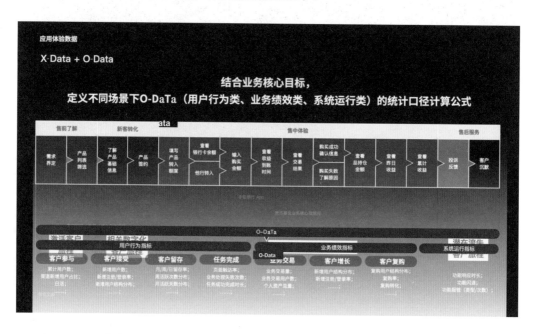

在 O-Data 指标系统构建过程中，需要结合业务的核心目标，去定义不同场景下的用户运营数据的统计口径和计算公式，并形成业务触点蓝图、指标地图、数据统计框架等流程工具帮助系统落地。

通过对用户运营数据的监测，能够帮助企业有效判断现阶段的资源分配是否合理，系统运营体验是否健康，客户诉求是否被满足。通过对用户数据的实时分析和理解，达到科学决策、精准执行的目标，消除企业经营中的不确定性。

完整的客户体验管理，实际上是综合关联了企业内部和外部的体验数据，并结合 X-Data 和 O-Data 进行对比分析。一方面能够聚焦业务目标，长期保持与客户的亲密互动，收集、识别和解决客户体验问题；另一方面经由对公域数据的抓取，结合内部体验数据的对比分析，把握行业整体客户反馈。

X-Data 与 O-Data 的结合，形成了一套ETU体验管理解决方案——月恒CEM咨询与规划，能够帮助企业洞察整体业务线及细分场景下的客户体验现状，深度解析产品、业务的客户诉求及市场竞争力，实现快速响应式的管理调整与执行落地，形成数字化体验管理的业务闭环。

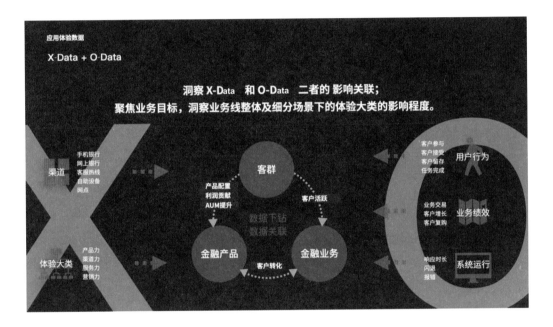

然而构建 X-Data 和 O-Data 双视角的客户体验数据管理体系，需要在企业中进行大量的数据埋点、数据连通以及数据沉淀，是一个相对漫长且反复的过程。我们在与诸多行业领先企业的合作中，不断探索前行，致力于让客户体验成为企业管理和增长的有力新支点。

 张挺

ETU商业体验咨询合伙人兼咨询总监。日本千叶大学工业设计博士，拥有14年企业服务项目经验，深耕汽车、金融、证券、物流、智能设备等领域的用户体验研究，曾主导威马汽车整车HMI系统设计策略及人机交互研究、东方赢家财富版App用户行为数据分析、国泰君安君弘App智能工具场景化研究等多个C端与B端产品的客户体验监测与管理项目。擅长从宏观与微观、产品全价值链与不同利益相关方的不同视角进行思考，运用定性、定量、数据分析等多种研究方法论为企业提供用户体验诊断及解决方案。

02 设计师如何在以AI为代表的技术革命中创造价值

◎ 姜炳楠

2017年，阿里鹿班系统横空出世，创造了"双11"之外的另一个奇迹。那时候如果你在网上用"人工智能+设计师"作为搜索关键词，得到的结果清一色是"设计师会被AI取代吗"，直到现在，这个结果还是高居榜首。

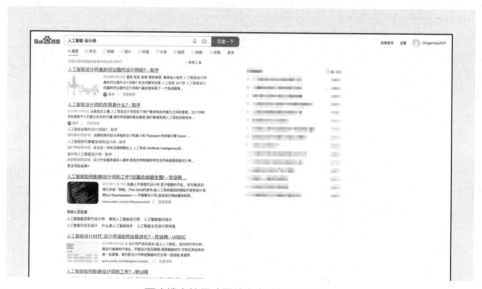

百度搜索结果（图片来自计算机截屏）

历史上，人类从18世纪开始经历了三次工业革命：18世纪发生了第一次工业革命，机器代替了手工生产，主要的交通工具从马车变成了火车和汽船；19世纪发生了第二次工业革命，电力广泛应用，内燃机和新交通工具产生，新通信手段的发明和化学工业的建立使人们从蒸汽时代步入电气时代，人们开始乘坐电车、汽车、飞机、飞艇；20世纪发生了第三次工业革命，原子能技术、航天技术、电子计算机、人工合成材料、分子生物学等高新技术不断发展。

历史告诉我们新技术的诞生必然对落后的生产方式进行淘汰，相关的从业者也自然被取代。被称为第四次工业革命的人工智能技术，也必然会产生相同的影响。所以人工智能对设计的影响，本质上是技术革新对生产方式的影响。

那么技术真的可以完全取代设计吗？让我们来看下技术和设计的关系。这里我想借用一下Kerb Cycle，它是用来解释科学、工程、设计、艺术之间是有机联系的，在这里我们可以把工程当作技术来看。

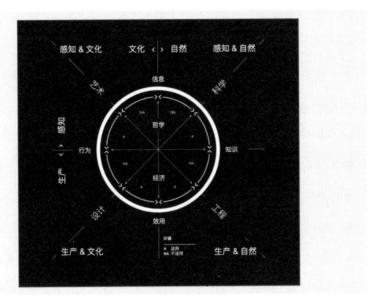

Kerb Cycle（图片来自网络）

单看一下设计和工程技术的关系，我们可以看到它们都涉及生产，追求效用，不同的地方有两点：

- 设计基于人的行为，技术基于理论知识。
- 设计作用在文化表达方面，技术作用在自然改造方面。

所谓行为和文化其实来自于人，变化快，随机性强。而知识和自然都是客观世界，遵循一定规律，可复制性强。

所以人工智能出现后，设计是发生分化的。那些可复制性强的工作会被AI取代，从而得到更高的生产率。而另一部分工作需要设计师利用对人的了解，针对不确定性提供创造性的解决方案，是不会被技术取代的。

那么在人工智能之后呢？设计会不会又面临新的挑战者呢？如何在技术更新中幸存下来呢？这就要求我们在产品设计的同时，也要学会自我迭代。而这个迭代过程是从四个层次进行的 —— 心态、思维、方法、技术。

第一，心态层，从被动接受到主动驱动。我们的工作来自社会化大生产带来的分工。随着产品的成熟、公司的壮大，分工岗位会不断细化，职能也会不断固化。以我们所熟知的产品研发流程为例，常见的岗位设置是这样的：产品、交互、视觉、开发、测试。但是如果有过跳槽经验的读者会发现，在不同的公司，这些岗位设定并不一样。

例如在微软，几乎不分视觉、交互。一个人要同时负责一个或几个产品的交互和视觉。有些团队没有测试，甚至有些团队没有专职的产品经理。所以我们的工作职能并不是一成不变的，特别是面临一个创新型的项目，很多工作到底谁来做一开始并没有规定。举个例子，新员工入职培训或者年会需要表演节目。还是产品、设计、开发、测试这些人，但此刻他们要完成一个与以往项目经验完全不同的新项目。这个时候大家该如何分工呢？谁负责多少呢？首先想到的肯定是根据技能所长来分工，例如有些人擅长乐器可能就负责音乐，学过画画的人可能会负责舞美服装。除此以外更主要的是看个人的态度。你是否愿意为某件事负责，你是否愿意承担你职责之外的任务，甚至带领团队共同努力。我们常说，态度决定一切，就是说这个。

第二，思维层，从专业性到全局性。下图是国内三个大厂开发的手机地图，你们知道哪一个是哪一家的吗？我是不知道。它们从布局到视觉风格再到一些细节的处理几乎一模一样。这可是来自三个巨头公司的产品，这三家巨头公司有那么多有创意、有能力的设计师，为什么它们的设计是一样的呢？难道手机地图生来如此吗？

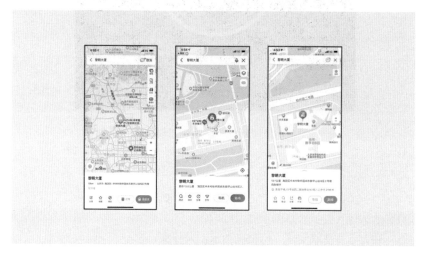

百度、高德、腾讯地图界面（图片来自手机截屏）

再来看下我参与过的腾讯地图。2011年的腾讯地图是下图左边这个样子。抛开系统对视觉风格的影响，它与如今的地图从信息框架到交互流程还有布局都有本质的不同。

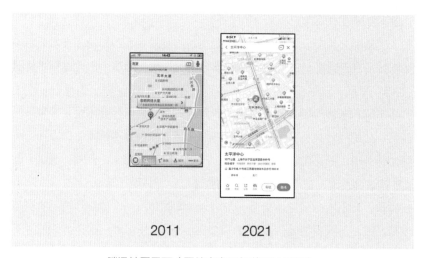

腾讯地图界面（图片来自手机截屏及网络）

十年前，我们既不知道在移动端怎么做App，也不知道怎么做地图。最早的手机地图的形态就像一本地图册，就是每一个任务都是一个页面。如果在不同页面间跳转，要重新加载一个新的地图，有几个任务就有几个地图。这样就带来两个问题：①在网络费用还很高的情况下，后端要不断重新加载新的地图数据；②从交互层面来看，每个地图之间是割裂的，就跟翻地图册一样，没有任何联系。

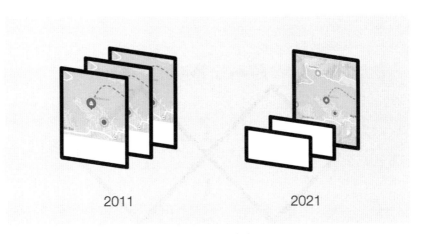

地图的两种交互框架

那个时候各个地图之间只能互相借鉴参考，所以也是那个时候动不动就说哪个产品抄袭了另一个产品。现在市面上这种产品形态最早是Google Map提出的。它的概念是有且只有一个无限大的底部地图，所有任务都是在上面的卡片。每次要完成一个任务相当于新建一个卡片，底部的地图会对应着放大、缩小或移动，但从不同任务卡之间切换对应的都是同一张地图。这个框架很好地解决了后台数据加载和交互切换的问题，然后国产的三个地图马上意识到该设计的优点，纷纷效仿。虽然各自也有些创新，但也都是基于这个基础框架。

同样的事情也发生在其他产品上。2007年，iPhone上市，中国移动互联网开始发展。各个公司的产品纷纷到移动端试水。因为缺乏经验，也没有统一的规范，这时候交互设计师最重要的工作就是找到适合产品功能的交互框架。后来iOS和Android纷纷设计出了自己的规范，随着各种产品形态的成熟，用户习惯开始养成，移动端应用基本交互框架就固定下来。这时候一个产品经理或者开发人员就可以用模板搭出来体验60分的产品，很多产品的成败关键转向运营能力。如果这个时候交互设计师还把探索新的产品交互形态作为自己的目标，就是性价比不高的事。那么这就要求我们学会先做对的事，再把事情做对。

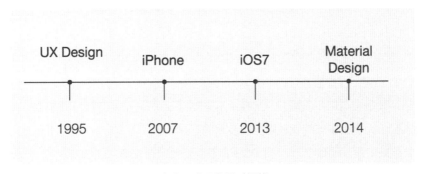

移动互联网发展时间线

如何去做对的事呢?这里有一个设计师所熟知的双钻模型。我觉得做事情其实就是一个核心方法——单钻的不断延续,通过拆分和聚焦或者发散和收敛,把大问题变成小问题再用各个专业领域对应的方法解决。但是在做这个解答题之前,我们要先做一个选择题,判断是解决这个问题还是解决另一个问题。

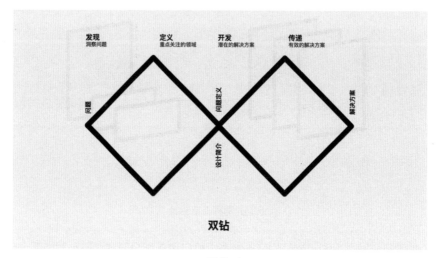

双钻模型

我常用的一个办法就是概念三角形,因此我想用三角形来作为前期选择阶段的代表。

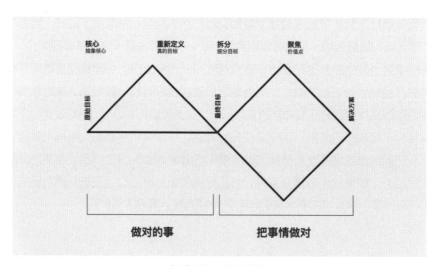

概念三角+单钻模型

第三,方法层,没有唯一正确的方法。移动互联网发展了十几年,设计师们也积累了十几年的方法论。现在可以不费吹灰之力搜索到各种设计方法,但仍然无法解决现实中面临的具体问题。我认为这么多年的实践经验教会我的不是知道了"唯一正确"的方法,而是根据目标大小、所处阶段、现有资源、团队知识背景,选择甚至创造不同的办法。

给大家举个例子:下图是小冰的技能海报,每周会在微博上更新。它们有两个共同的特点：①都不是设计师做的；②都是用Keynote做的。为什么会这样呢？因为早期小冰团队里只有几个产品经理和开发人员，他们必须自己做海报。你们说这些海报好看吗？可能答案是一般般。但是它保证了两个核心目标：传达信息和每周更新。这已经够了。所以到后来我们已经有一个设计团队了，这些海报大多数还是产品经理自己做，顶多借用设计师在其他设计中的一些素材。这极大地节省了设计资源。

小冰技能更新海报（图片来自网络）

第四，技术层，具备"气生根"。我们先看看，什么类型的人才更适应社会的需要？我之前找到几种说法：I型人才、X型人才、T型人才、π型人才。

典型的就是I型人才，I型人才对特定领域有深刻的理解和技能。但是他们还没有尝试或没有成功地将知识或技能应用于其他领域。

X型人才是指擅长多领域工作的人。该术语用于直接指代那些是优秀经理候选人的员工。X的多个臂代表具有良好的人际交往能力，可以与公司不同行业或领域的不同人员合作。

后来又提出一种说法——T型人才，其实就是一专多能，既有某一个领域的专业深度，又对其他领域有所了解。

π型人才，基本就是比T型人再多一个专业领域的技能。

那什么是气生根呢？我第一次知道它是在成都看到榕树的时候。榕树的寿命长，生长快，侧枝和侧根非常发达。它的枝条上有很多皮孔，可以长出许多气生根，向下悬垂，就像胡子一样。这些气生根可以吸收空气和水分，入土后可以不断增粗而形成支柱根，支撑着不断往外扩展的树枝，使树冠不断扩大。一棵巨大的榕树支柱根可达千条以上，形成所谓的"独木成林"。那有的读者会说这不就是π又多了几条腿吗？但其实它更重要的地方是在空中进行储备，而不是一头扎进土里。什么是储备呢？就是掌握能解决问题的最少必要知识即可，千万不要妄图成为某个领域的专家之后再回来解决具体问题。

榕树与气生根（图片来自网络）

在微软小冰的设计过程中，设计在AI产品中创造价值总共分为两个阶段：

第一个阶段是设计为技术所用。新技术虽然强大，但作为新生事物往往不成熟，不成熟就会有各种短板。设计的价值在于帮助产品减少AI实际能力与用户预期之间的差距。

经过了设计服务技术的阶段，我们对人工智能的技术能力有了一定的了解，第二个阶段设计的价值在于如何利用AI服务于产品设计和研发本身，为产品增效。

2019年小冰发布会展示的3D形象（图片来自网络）

我们经历了帮助产品从0到1探索技术与需求结合落地的方式，到满足C端客户、B端客户的不同需求，最终实现商业化的整个流程。在不同阶段和单个产品的不同生命周期当中，设计的职责范围和标准要求都在变化。我们的设计师也在这个流程中边做边学，不断扩大自己的工作范围，调整工作重点，扩充其他专业领域的知识，从而适应产品的发展，找到真正适应各个阶段的价值。

新技术对生产力的淘汰从未停止，设计面临的挑战也不止AI一个。让我们持续从心态层、思维层、方法层、技术层提升自己，在工作中让自己也得到进化。

姜炳楠

微软资深用户体验设计师。本硕毕业于清华大学美术学院视觉传达专业。曾任职于腾讯北京CDC、MXD，分别参与研究院创新产品设计，国内第一个地图街景产品设计。

现就职于微软，负责Bing China、微软战略产品英文搜索、微软小冰及Bing East Asia等方向的设计。涵盖B端、C端、品牌、市场、人工智能等多个方向。2021 IXDC杰出主讲人。2021光华龙腾奖中国服务设计业十大杰出青年提名奖。

03 延伸设计场域：
以参与式设计凝聚团队

◎ 冯文辰

1. 何谓参与式设计

　　从我开始工作以来，我就发现设计并不只是设计产品，随着工作年限的增加，沟通协调占据了我越来越多的时间。经过许多优秀设计师的努力，设计在各个领域中能够帮助产品成功，是已经被多次证明的事实。然而在企业当中，如何让设计的价值体现在产品上？我们要如何在组织中拓展设计的边界，延伸设计场域，来帮助产品成功？参与式设计在我从事设计工作的十几年当中，多次帮助我在组织中成功推进设计策略。参与式设计是指：邀请所有相关人员（例如用户、合作伙伴、消费者等）参与设计决策过程，了解、满足并洞察其需求的设计方法。

2. 公共艺术与参与式设计

　　我第一次认识"参与式设计"，是在大学参加的一个设计比赛。当时是荷兰银行举办的公共艺术竞图，基地是闹市区的一栋废弃大楼的墙面，我的概念是将平面道路的绿化带延伸到大楼立面。当年这种绿植墙面不像现在这么普遍，是很新颖的概念，我当时的提案得了第二名。

　　我对第一名的提案印象深刻，因为在他的提案中强调了两个概念是我没有想到的，一个是环保，另一个是民众参与。这个作品是以回收的饮料罐串成大面的风铃墙，并且邀请周围社区邻里一起完成创作。这也是获得评审青睐的主要原因。虽然后来因为被民众抗议这样太吵，也有安全及卫生隐患，因而作罢。

　　这是我第一次意识到在公共艺术领域，除了艺术家独立创作之外，更强调的是民众参与共同创作的过程，是艺术与人的联结。

　　提到公共艺术，最成功的案例之一是日本的濑户内国际艺术节。借由举办濑户内国际艺术节，构筑岛内居民与日本当地游客以及世界各地游客交流的桥梁，并为其注入活力，向世界展现濑户内海的魅力，展示美术作品、艺术家、乐团活动及当地的传统技艺、美食、庆典。

　　然而让我印象深刻的不只是丰富的艺术作品和美丽的风景，更有趣的是每次艺术节结束后，都会有官方文件披露这次艺术节的成果。其中有三分之一的篇幅和振兴当地有关，艺术节本身的活动盈余不到1亿日元，然而日本银行统计的经济溢出效益，也就是对周边地区的经济提升高达180亿日元。而且文件特别注重居民参与度及满意度，72.1% 的当地住民认为艺术节有益于地区振兴。

我记忆深刻的一幕是，当我搭乘渡轮离开岛的时候，当地居民热情地挥舞旗帜，欢送我这个素昧平生的游客。濑户内国际艺术节成功地将岛民、日本游客以及全世界来的游客交织在一起。

原来重点不只是将艺术与人联结，而是以艺术为介质将人与人联结。既然艺术可以作为人与人的媒介，设计当然也可以。

3.经验分享

总结我的工作经验，有一些阶段性的成果和心得与大家分享，分为四个方面：共情、全局观、沟通、信任。

1）共情

共情是能够感受对方的心意，设身处地地站在对方的立场设想。世上每一个人都有自己的立场和偏见，人的行为受过去的经验影响，经常性地以自己为中心观察这个世界。怎样用设计方法避免偏见？

当我到一个新的工作团队时，会先了解团队的工作流程和合作模式，并采用设计方法让团队工作得更有效率。在一个产品团队中，产品经理、开发、测试、用研、设计、运营各自就自己的专业对产品成功的模式有不同的认知，当我们了解了对这个团队中每一个人最重要的事情是什么时，就可以更好地以目标导向凝聚大家的共识。

例如，设计师发起头脑风暴，依据用户旅程地图中的机会点及痛点，以快速设计工作坊与产品经理和开发人员共同制订产品计划，并以十字分析法将大家的想法依照开发成本及用户价值分类，兼顾用户需求及开发成本，排序出最有价值的功能。

 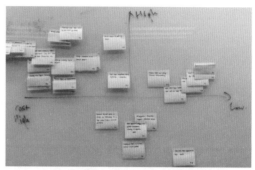

再例如，我们最近接到了一个紧急需求，某产品的产品经理要求我方的产品经理修改上线一个月不到的功能，以和他们保持一致。如果我们以自身的角度回复，接下来可能是半小时到一小时的争论，但我们以对方的立场着想，以他们的视角来排序优先级，产品经理立刻理解，并回复对方目前没有人力可以支持。

2）全局观

全局观是指我们要以企业或组织的角度看待产品，从以下三个维度介绍：战略方向、产业热点、设计趋势。

（1）战略方向。依照公司阶段性的战略方向，拟定设计策略，确保设计与公司整体前进方向一致。我们可以从部门愿景和个人OKR（Objectives and Key Results，目标与关键成果法）来看。以微软为例，微软的使命是予力全球每一人、每一组织，成就不凡，再依照各自职能，延伸到不同团队。

Microsoft

Empower every person and every organization on the planet to achieve more.
我们的使命是予力全球每一人、每一组织，成就不凡

ODSP

Empower every person and organization on the planet to achieve more together with industry-leading collaboration tools integrated into a hub for teamwork at work, school, and home.
我们的使命是以业界领先协作工具，在工作、学校、家庭中，予力全球每一人、每一组织，成就不凡

Studio 8

Design experiences which bring light and love to every person and every organization on the planet.
为全球每一人、每一组织设计正向和关爱的体验

同样的，在制定OKR的时候，我需要了解我所在的设计平台部门Studio 8、产品部

ODSP以及合作部SOX团队中，设计人员、产品经理及开发人员的OKR，确保我能够帮助团队成功。

（2）产业热点。我们必须深入了解世界及产业的未来趋势以及前沿技术，确保我们的产品能够更有效地帮助用户完成任务。大家都知道这两年因为新冠肺炎疫情，工作沟通的挑战越来越大，特别是跨国企业，无法差旅时如何更有效率地完成团队沟通成为关键。SharePoint可以帮助公司在保证企业级安全性的前提下，助力跨国沟通协调工作，并且可以与Teams整合，作为公司层面分享集体知识的工具。

此外，也要对前沿技术保持好奇心，将其运用在合适的使用场景中，帮助用户更有效率地完成工作。例如，Microsoft Teams最近就把元宇宙的概念运用在远端会议场景，Viva Topics能够快速将公司内部庞大的资料，以人工智能非监督学习的方式自动归类为知识图谱，并主动在合适场景下推送给相关用户，从以前的"人找信息"转变为"信息找人"，将几个月的工作量缩短为几天，无须人工整理，并且不断自动迭代更新。

（3）设计趋势。这是设计师日常最熟悉也最感兴趣的部分，其实各个设计领域（如建筑、插画、平面、产品、包装、动效、体验设计等）每年都会流行不同的设计风格，即便是大家常用的表情包也是与时俱进，设计师需要随时关注最新趋势。

3）沟通

设计师了解团队想法并建立产品设计的全局观之后，接下来就是如何将设计想法传达给团队。微软设计师每天会花大量的时间用来开会，除本地团队外，也要与世界各地的产品团队，以及设计平台部门同步，沟通技巧直接影响设计策略是否能为大家所理解，团队成员的信息不对等会导致对于设计策略的认知偏误。好的沟通能力应该能够同步团队成员认知，确保对于用户场景及设计策略有相同的理解，借此打造顺畅的沟通体验，加速设计决策。

我刚到微软时接手了一个六年没有任何进度的项目——SharePoint组件商店，要借由优化这个渠道推广微软新的开发架构SPFx。我们立刻发现了一些问题，团队中的设计、产品、开发岗位全都是新人，每个人都需要从头学习。也因为时间久远没有脉络可依循，开发过程中还需要适配其他产品的组件规范，限制了发挥空间，甚至高层一度打算减少投入。

为了帮助整个团队了解产品全貌，我们制作了交互地图，将这个产品所有的流程铺开来看，团队成员可以清楚地看到流程优化前后对比。当我们完成交互地图并将其共享给其他成员之后，我们也收到了产品负责人的正面反馈，他也决定继续投入资源优化这个产品。

4）信任

当设计策略获得团队支持后，只有产品关键数据提升才能够回报团队信任。我曾经在猎豹移动的一个新闻聚合产品上遇到日收入增长的瓶颈。当时我们和产品经理探索出了新的安卓手机锁屏新闻场景，如下图左侧所示；但是在展现形式上，老板认为右侧的列表形式可以同时展现更多新闻标题，更有机会击中用户兴趣。但从使用场景来看，解锁手机是锁屏的主要行为，我们主要抢占的是用户的碎片化时间，当用户下意识地拿起手机浏览无特定内容时，锁屏新闻将信息前置，在解锁前抢占用户注意力，因此需要更大的图片及稍微详细的内容。A/B测试结果发现，几个关键数据如停留时长、展现条数、广告展现、点击率、详情页停留时长，都是左侧的形式更好。修改设计后，产品在谷歌应用商城有了更多用户好评及要求更多功能的留言，产品日收入也不负众望地增长180%。

 V.S

4. 结论

最后总结四个重点：

共情——换位思考，了解并管理组织对用户体验的期待。

全世界许多企业/组织已经认可了投资设计带来的价值，他们的期待是什么？是符合时下潮流的视觉设计？还是用户体验的设计策略可以为公司带来更大价值？站在他人的立场和角度，了解对他们来说最重要的事情是什么，能够让设计师的产出超乎预期。

全局观——解构企业目标，确保设计方向一致。

从部门愿景到个人OKR，均需与公司战略方向一致。随时了解最新的产业热点，运用前沿技术更好地满足用户，随时留意当下各平台设计趋势，确保体验不过时。

沟通——以设计凝聚团队共识。

设计方法大多用来探索用户的真实需求，但有时也能用来探索团队成员的真实需求。

信任——信任源于设计为产品提升的价值。

在成功推进设计策略后，最关键的就是产品上线后的实际表现。一份完整的设计策略，应该定义用户价值及商业价值目标，每次成功地达成目标都能让团队更信任我们，帮助未来推进设计提案，并为团队获得更多资源。

"如果您的行为激励他人追求梦想、努力学习、鼓足干劲并成就非凡，那么您就是领导者。"

——约翰·昆西·亚当斯

除了展现自己的专业能力，更重要的是我们如何以专业联结所有人的共识，赋能产品和我们的伙伴。让团队可以取得更多成就，提升产品对用户的价值是我们设计部门努力的目标。如果你做到了这一点，影响力必然提升。

 冯文辰

现任微软高级设计经理，曾任猎豹移动体验设计总监，拥有17年用户体验设计工作经验，8年设计团队管理经验。曾负责千万级日活的B端及C端产品用户体验设计，创造正向合作团队氛围，以设计方法论及数据导向设计。2018红点设计奖得主。

04 设计师的重任

◎ Albert Shum

基于在微软以及纽约视觉艺术学院工作的一些经验，我想分享的是负责任设计的基础。2021年充满了挑战，新冠肺炎疫情给人们造成了巨大的困扰，它影响了人们彼此联系和协作的方式，人们如何才能继续保持人与人的互动是我们要思考的问题。

微软公司的使命就是赋能——予力全球每一个人、每一个组织，成就不凡。这个使命充满了号召力，令我满怀激情，全力以赴。正因为有这样的使命，所以我觉得我们可以改进设计，改进开发产品的方式。

在Windows 11系统控制面板设计的工作中，团队致力于探索新的操作方式和网络体验，为网络生活注入活力。在微软，设计要考虑三个因素：规模、影响、合作。巨大的规模意味着设计师要将体验延展为全世界数百万人的体验。要如何利用这么大的规模让我们的产品更具凝聚力和包容性，并且传递我们的影响，让客户的生活更加美好呢？在实现这一目标的过程中，我们要团结合作，让全世界的设计团队都发挥所长，为全世界数百万的用户带来新的网络体验。

回首2020年，对我个人来说也充满了挑战。我充分利用这段时间，进行了反思与思考：设计在哪里？2020年是包豪斯百年诞辰，某种程度上，包豪斯奠定了现代设计的基础。在反思的过程中，我意识到现在的情形有些不同了，过去这一百年来，设计发生了很多变化。于是我为《快公司》写了一篇文章，探讨如今设计界的一些挑战，这些挑战不仅体现在设计师服务用户的方式上，而且体现在如何确保设计师创造更公平、更负责任的体验。我也有幸获得机会去纽约视觉艺术学院开设了一门课程。那是一个非常理想的机会，我可以自由探索并且和一些优秀的学生一起努力，共同思考我们这个行业需要什么新的设计方式。同时，我也有机会与全行业的精英进行交流，这正是设计工作的伟大之处，设计师所做的工作是开放的、分享的、互相学习的。

那么，为什么要强调负责任的设计？几百年来，设计一直是文化与社会的组成部分。前面我提到了包豪斯运动，即使在那之前设计也是用来创造解决方案的——利用人们拥有的技术创造更好的解决方案，以满足不同需求。与此同时，设计也会出现问题，正如著名的"魁北克大桥悲剧"，这起事故在加拿大的工程师群体中引发了一场关于更负责任地建造的运动，最终形成了"工程师之戒"这样的仪式。"工程师之戒"这枚戒指成了一个警示所有工程师要对他们所建造的东西负起责任的象征。我们在数字世界所做的工作某种程度来说不是有形的，出现问题时，我们的肉眼可能看不见其所产生的影响。但当出现问题的时候仅仅说一句"问题出现了"，这样是不够的。

有时候设计师总会存在一种乐观心态，那就是把新方法作为解决方案，似乎所创造的东西总是能够一改再改。设计师不能总是说"让我们创造更多的东西"，因为这会迅速产生大规模影响。又回到"规模"这个因素，目前有数以亿计的应用程序，我们不能无休止地开发应用程序、创建新的服务、创建新的设计并推广出去。因为创建这些产品的成本与建一座桥不同，并不需要花费数年时间，甚至可以说就是一瞬间的事情。设计师创建一个应用程序上架到应用商店后，马上就能影响到数百万人，这种数字规模效应，赋予了设计师巨大的能力，同时也要求其承担巨大的责任。设计师有的时候倾向于只关注冰山一角，为可见的东西做设计，但其产生的影响大部分都在水面之下，我认为这是最难理解的部分。

设计不仅是针对眼前用户的需求，还要关注设计对于用户所产生的长期效果是怎样的。负责任的设计在某些方面来说不是新的设计流程，而是一个框架。我们要在这个框架内思考如何以新的方式来考量设计。最重要的一步是反思，反思我们创造的东西会带来哪些意想不到的后果，然后再重新思考设计本身。

设计师在数字世界创造的产品让人们如此投入的核心就在于参与感，但同时，这种参与也能够改变设计师的行为。目前的设计方式已经不再是用户提出问题设计师给予解决方案了，设计师实际上考虑的更多是如何反复让用户参与，以形成一个参与循环。这种能够让用户对体验上瘾的理念本身是积极的，并且这个循环相当重要。但是，设计师需要以一种能保证信任和公平，以及对意外后果负责的方式来做这件事。实际上，设计师彼此之间的竞争都是为了从客户那里争夺相同的资源——他们的注意力。Amber Case总结得很好，21世纪最宝贵、最稀缺的资源就是人们的注意力。因此，我认为负责任的设计的核心就是能够很好地从客户那里争取他们的注意力。

此外，还要考虑潜在的对客户来说不友好的、负面的、有害的影响。我们如何能了解客户的感受？这是非常重要的一个问题。重新回到触发和激励机制，那种随时要查看手机、害怕错过什么的感觉在制造着潜在的焦虑，我们要怎么缓解这些感觉呢？传统上，我们非常擅长理性评估和理性思考，但在某些方面困难的是如何评估产品、评估产品能给客户带来什么样的感受，这是设计师要着力解决的问题。

回到设计影响的规模层面，当设计师设计的产品能够抵达全球数百万人甚至数十亿人时，设计师必须重新思考设计方式，不能再仅仅考虑单一终端用户。这需要转变的是观念，即我们在帮助整个生态系统和社会系统。Terry Irwin在卡内基梅隆大学的工作非常具有开创性，她是这样一个思路——我们要做到不只着眼于当下，而是以从过去到现在再到未来的视角来看待问题，来帮助整个系统转型，并为这样的系统做设计。

以用户为中心的设计往往专注于某个用户的使用历程，但我们要考虑不同类型的利益相关者使用产品的体验。基于此微软开启了一套全新的价值创造路径，考虑利益相关者时，设计师必须以全世界的角度来整体协调并应对其中的挑战。因此，兼顾利益相关者的理念将越来越融入设计师的工作中。

下面我将分享一些案例来加深对负责任的设计的解读。第一个例子是Xbox无障碍控制器，它让我们了解产品的影响、潜在的危害以及哪些人可能会被排除在这些体验之外，从而使我们重新思考并创造新的解决方案来满足不同的需求，最后将这些好处推广应用到所有人身上。第二个例子是微软最近为Edge浏览器推出的产品——"儿童模式"。 这是一个很好的机会来解决不同人体验产品时潜在的不公平现象，关注那些被排除在外的人，同时强调信任、隐私、安全，这对儿童和教育工作者来说尤其重要。第三个例子是阅读器Immersive Reader，在这款产品中我们创造了更公平的体验，兼顾系统中不同利益相关者的不同需求，满足了世界各地不同客户的不同需求。

总结一下，负责任的设计是一个框架，这个框架包含三个方面：反思、响应以及重新思考。对所创造的产品和体验有什么潜在影响进行反思，然后采取措施应对它们所产生的负面影响，这就是响应。但同样重要的是重新思考设计过程，从经验中学习。不仅要思考创造的单点解决方案，还要考虑整个系统，它对不同的利益相关者产生了什么影响。我认为，负责任的设计是许多工作向前推进的基础，这也是我在微软一直坚持的事情，我将这一点引入到我们的团队工作并从中学习。

最后我想遗憾地介绍我的一个好朋友Mike Kruzeniski，此次分享的很多内容都基于他遗留的工作，但不幸的是他去世了。谢谢你Mike，感谢你为设计所做的一切。

 Albert Shum

Microsoft企业副总裁，一位出色的设计领导者，拥有20多年的全球消费者品牌打造及设计开发经验。他领导着一个由设计师和研究人员组成的协作团队，共同描绘着微软用户体验和硬件设备的未来。

在过去的25年中，Albert服务于微软和耐克这样的跨国公司，为其提供重要决策。在产品、品牌和数字化设计等领域中不断扩展设计理念的影响，创造出吸引了上百万人的用户体验。目前，他的团队引领Microsoft 365及其系列产品的创新，跨越多样化平台，用和谐且包容多元的设计拉近人与技术之间的距离。Albert喜欢从创造力、环境计算以及设计师在第四次工业革命期间的责任中汲取灵感。

05 战略性用户体验增长：如何让用户体验团队健康扩展

◎ Julie Schiller

当公司扩大到不同的工作地点、产生不同的工作风格时，创造力会由此得以发展，但有可能导致团队工作乐趣的丧失。我将会给你一些建议和准则，促使你思考并将它们有效运用到你的公司管理上。

我想用马歇尔·戈德史密斯的一句话作为开头："今天不必遵循以往。"正确的答案不一定永久正确。这意味着我们需要思考，我们的天赋和技巧使我们能够扩大规模并达到今天的水平，但不一定会将我们带到未来想要达到的位置。接下来我将通过格雷纳曲线来浅析一下公司不同发展阶段的状况与所面临的危机。

格雷纳曲线是一个展示公司如何随着时间推移而发展成长的模型，它在1972年由格雷纳提出并发表在《哈佛商业评论》上。公司有不同的成长阶段，格雷纳曲线十分巧妙地将公司发展进行了概念化。

第一阶段——创造推动增长阶段。在这个阶段创始人创造出产品，公司员工并不多且工作时间长，公司充斥着信息和交流。而随着公司的发展会出现第一个危机，即领导力危机，这时公司需要更多正式的交流和沟通。

如果度过了这次危机，公司将进入第二阶段——管理推动增长阶段。有了正式的沟通后，资源配置、预算等各种部门会涌现出来，有了这么多的流程后，第二个危机也将出现，即自治危机，领导者需要开始授权并管理公司本身的结构。

如果能度过自治危机，那么公司就会进入第三阶段——授权推动增长阶段。在这个阶段，公司有能力让中层管理人员专注于顶级市场，而最高领导层只关注最重大的问题。也许在第一阶段管控能力强的管理层能促进公司发展，但在这个阶段他们将会面临一些困难。

随着组织的发展和壮大，到了这个阶段公司最终会面临控制危机，公司的不同部门需要开展更加密切的合作，此时需要增添总部职能来发挥控制与管理功能。从这里开始，公司进入第四阶段——协调推动增长阶段。进入这个阶段后公司需要进行改革。在这个阶段，你的关注重点将会放在投资利润上，工作通常会变得更加官僚化，公司发展速度放缓，这意味着第四阶段危机——繁文缛节危机的到来，它要求公司产生新的文化和组织结构。

经历上一个危机后，公司迎来第五阶段——合作推动增长阶段。在这个阶段你会看到公司产生更多的分支机构，因此第五个危机——内部增长危机就会产生。随着组织的发展，合作开始变得至关重要。

最后的第六阶段——联盟推动增长是最近添加的，这个阶段大多涉及公司的并购外包和联系合作。同时我想指出，这并不能统一反映出公司各个部门的情况，你所在部门的发展阶段可能会不同于整个公司的情况，但只要你的公司处于第三阶段或第四阶段，接下来的建议将会对你有所帮助。

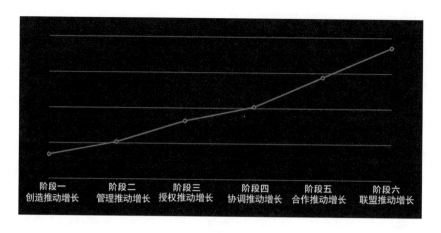

阶段一	阶段二	阶段三	阶段四	阶段五	阶段六
创造推动增长	管理推动增长	授权推动增长	协调推动增长	合作推动增长	联盟推动增长

接下来是我对拓展用户体验文化的五个建议。

第一个建议关于提升领导力。做到这一点可以从多方向进行，也许是和新加入者一起，也许和你的"火炬手"——老员工一起，但我的建议是从公司的领导层着手。"氧气项目"是谷歌进行的一项研究，目的是了解什么造就了最佳管理者。随着用户体验文化的扩展，领导者往往成为承担变革成本的人，因此我的第一个建议是关注这些领导人，并提供专门机会让他们学习和成长。那么这些领导者应该学习哪些技能呢？"氧气项目"的研究如下：

（1）注重技能培训。在公司大幅度发展阶段，过去没有领导经验的新人可能会加入领导团队，因此请教练们执教，引进教练培训和借鉴体育领域及其他公司的方法进行培训，都是提升公司管理者培训技能的好方法。

（2）避免微观管理。没有人愿意为一个微观管理者工作，但很多领导者最终都成了微观管理者。从上到下的行为示范十分重要，尝试不去进行微观管理，给员工空间和自由，就会有助于扩展公司的用户体验文化。

（3）个性包容与关注员工。培养领导者的包容性，关注员工的幸福感，确保团队成员不同的意见能够被接纳，这有助于防止团队流失和员工倦怠。而且当你的设计面向越来越多的人时，将包容性视为交流的前提，有利于不同意见的提出，能够促进每个人之间的联系。

（4）具有强大的沟通能力。领导者要非常善于沟通，但这并不是一件容易的事，尤其是领导者过去的很多工作都围绕生产或创造资产，所以给领导者提供关于交流沟通的机会与指导示范十分重要。

（5）向团队描绘愿景。培训并鼓励领导者描绘愿景，这将帮助他们了解自己的工作和价值。

（6）为团队与员工带来职业发展机会。确保职业培训成为公司领导者工作的一部分，他们有责任让自己团队的员工获得良好的职业发展机会。

（7）确保公司用户体验部门的领导者是用户体验领域的专家，这有助于提升团队的领导力，并让团队高效组织起来。

第二个建议关于认可形式的重要性。文化是群体信仰、行为、社会规范、习惯和价值观的集合，这些都需要被创造并阐明出来，如何做到这一点，有四个关键问题需要思考。

（1）选择一个体制并给予资金支持。在谷歌，有一个"同伴奖励"的体制，它允许任何员工给予另一位员工小额奖金以奖励他超额完成工作。这个奖励计划的结果是每个人都加入进来并且对此赞赏有加。所以无论公司选择什么样的奖励体制，都需要在其背后投入预算并明确它的重要性。

（2）尊重个体差异性。和用户体验团队中的成员交谈时注意每个人都有不同的个性、文化和喜好等，确保他们被认可的方式是他们想要的，例如他们是喜欢公开奖励还是私下的认可奖赏。

（3）设立衡量体制。一旦有了杰出工作的人或在奖励体制中获得奖励认可的人，就询问他们是否看到了奖励体制，奖励体制是否能够激励他们。

（4）运用设计思维来检验。给予不同方式的奖励/表彰，如公开的或私下的、大规模或小规模的奖励，让员工更加投入地工作。

第三个建议关于沟通。虽然不同的公司可能处于不同的发展阶段，但研究表明一旦团体达到了一定规模，了解每个人的情况并在团体中建立起联系就会变得困难。你可能听说过

"邓巴数字"，这个概念表明人类群体存在着一种认知极限，一个人能保持稳定社交的人数在150人左右，虽然今天人们质疑这个确切的人数界限，但它仍然存在。随着团队的成长，我们不能总是依赖有限的联系。用户体验文化的发展过程中需要大量的沟通。我今天围绕沟通提的三个建议不仅适用于领导团队内部，还适用于整个团队。首先，思考正式与非正式沟通渠道的建立，是同时使用还是将两个渠道分开；其次，随着办公规模的扩大和发展，公司可能会位于不同的地点和不同的时区，所以如何同步通信也需要纳入考虑；最后，要促进多样化、尊重多样化，因为员工不同的背景和想法会在团队成长过程中带来宝贵的价值。

第四个建议关于如何建立团队价值观，并且根据原则来执行和做出决定。如果团队目前仅涉及单一的业务和处理细小却棘手的工作，可能会在扩大团队规模上遇到问题，因此我们希望公司可以向团队人员解释工作的价值主张。有四种具体的方式可以帮助你向员工解释工作价值。

（1）让成员把团队价值观写下来。可以让一起工作了一段时间的人聚在一起，试着写出10个短句来阐述用户体验团队的价值观，例如：公司以什么闻名；团队以什么闻名；用户体验团队要解决什么关键问题；在团队中一个好的用户体验人员是什么样子的。花点时间记录下它们，你就会发现一些相似的东西，并且可能会产生一个相当长的关于公司价值的列表。

（2）确定价值观的顺序。一个很好的方法就是把这些短句两两配对，每一次都选出其中哪个更重要，最后留下3个左右。在这个过程中要确保找到的价值观能够激励人心，并将员工能够做什么和团队价值是什么排在优先的位置。

（3）向外界传达团队价值观。谷歌的企业使命是整合全球信息、服务全球用户；而脸书的价值观是专注于影响力与快速行动，大胆、开放并打造社会价值。这些不同的价值观会使公司变得与众不同，并促进用户体验团队明晰什么是需要重点关注的。

（4）建立问责机制。如何在实践中落实这些价值观，以及如何基于这些价值观做出决定，是领导者在扩大团队规模时的重要考量。

最后一个建议关于如何确保团队拥有学习机会。随着团队规模的扩大，用户体验设计人才的需求量也越来越大，留住用户体验设计师尤其是高级人才变得越来越困难。所以，公司在领导团队时要提供给设计师比他们加入时更多的职业发展机会，这不仅可以吸引求职中更优秀的员工，而且还能更长久地留住有能力的用户体验设计师。因此，为了公司更好地发展，可以做出以下几点：整理一个学习计划，让用户体验设计师明确自己职业生涯的阶段性目标以及他们应该拥有什么关键技能；花时间与跨职能合作伙伴谈谈他们对团队的评价；和团队中的成员谈谈哪些技能有利于促进他们的发展；引进有丰富经验的专家并奖励互相学习借鉴的员工；确保公司拥有一个安全的意见反馈空间，让员工能够谈论自己所做的工作并相互分享可以怎样改进。

以上就是我关于如何拓展公司用户体验文化的五个建议，希望我的建议能给你带来收获。

Julie Schiller

Google用户体验经理。多次在世界各地的会议上发言，重点讨论用户体验的技巧和实践用户体验的人的职业生涯。目前在谷歌领导亚太地区的用户体验文化和社区，并曾在Autodesk和Facebook等大公司担任经理，拥有超过12年的用户体验研究员经历。希望与用户体验从业者分享她的经验，并向他人学习。

06 战略视角下的设计决策

◎ 单鹏赫

我在设计与管理岗位上工作了12年，更在关系紧密、具有一定继承关系的两家公司工作了9年，我花费了很长的时间去观察和思考不同角色的生长发展路径、职场表现，以及表现差距背后的原因。

必须承认一点，在职场有一类人先天优势非常充足，表现在逻辑、习惯、心态、认知、沟通表达的方方面面，这使得他们比同龄人更容易做出成绩，有更多机会平步青云。还有很大一部分人表现为"先天不足"。不管他来自城市还是农村，不管他留学归来还是专科肄业，很多人都曾经或者正在面临着面对复杂工作无从下手。很多时候大家不是不能干，而是不知道该如何正确地工作。更致命的是，有些事从来没有人会教他该怎么做，以至于太多的人花费了无数的时间以身试法，披荆斩棘、头破血流去明白那些早应该知道的道理，甚至还需要倾尽余力来弥补过去自己给自己造成的职业损伤。

设计团队由于自身专业性以及企业生态位的原因，大多数的精力都投放在设计专业方面，这当然没有问题。不过，如果你要继续突破，就需要改变原来的认知与战术。美、交互、体验一直以来都是设计师思考和输出的关键词，"战略"被放到了比较边缘的位置。

我们要突破原来的认知，就要跟进企业不同发展阶段的思考，做到和业务、公司"同频对话"，把"战略和逻辑"放到第一，或者至少是并列第一的位置，主动去放大自己的格局和边界。

今天这篇文章我把它拆成了三部分：穿越自我成长周期、组织势能、战略视角下的设计决策。本篇文章的观点比较适合互联网公司中完整的设计团队的运作。对于设计公司或者纯服务型的团队有一些不适用。

1. 穿越自我成长周期

请大家回忆一下，过去两三年自己最大的能力提升是什么？是如何提升的呢？

个人的关键成长，可能是因为有一个关键事件，在这个关键事件里面因为某些事情的发生触动了我们的反思，甚至经历了愤怒与痛苦才明白，原来自己过去的思考和认知可能是不对的。我们必须先去改变认知逻辑，由此产生了自我的成长过程。这个叫作被动成长，外界的条件发生了变化，你才被迫地发生了改变。依赖于被动成长，那我们就需要不断地碰钉子、踩坑，这样的成长效率太低，也太被动。

还有一个是主动成长，为了解释这个概念，我们先聊聊大脑与行动的关系。首先我们要注意到我们的大脑有两个系统：第一个是无意识系统，第二个是有意识系统。无意识系统会在后台运行、自动运行，能够处理多任务，还能够做自动筛选甄别，快速处理日常事务。平时如果说没有什么特殊的情况，百分之七八十都是在运用无意识系统。也就是说我们的一生可能有大量时间是由无意识系统主导。这是人类的节能化设计机制，以应对一些危机。另外一个就是有意识系统，有意识系统会做推理、决策和控制，但是这个系统的特征是容量比较小，不能同时做那么多的事情，运行也比较慢。另外大脑还有两种模式：第一个是防守模式，第二个是奖励模式。防守模式是我们赖以生存的特别重要的一个点，就是发现危险后迅速逃避或者保持静止、隐藏起来以躲避危险。奖励模式能够激发我们的大脑，通过分泌激素产生兴奋，这是一种成瘾机制。例如打游戏会成瘾，谈恋爱也会成瘾，收获别人的赞许与掌声也会成瘾，这是因为身体在分泌激素，做自我奖励。

下图就是一个自我成长周期的比较图，图示里面橙色的线是我们大部分人默认的状态。如果我们不去干预它，它是自动运行的。所以我们每天的工作习惯就是那个样子，大概率不会发生特别重大的改变。但凡发生了改变，有比较明显的进步，一定是因为你本身的思维发生了一些进化，需要有意识系统来支撑。

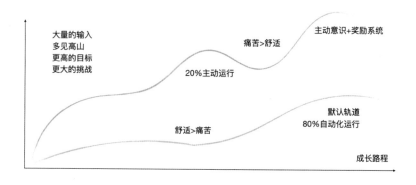

蓝色的这条线我们需要调用主动系统去达成。我们需要人为去改变成长曲线，不让它去静默地运行、舒适地运行。突破的状态不会太舒适，因为你用到有意识系统的时候，本身就已经不是一个节能模式了，所以大脑需要适应很多新东西，这会产生痛苦。如果说我们不去干预成长模式，不去人为改变，大概率都可以预测到自己三五年后的样子。

突破自己的成长周期，人为地改变自己的成长路径，主要有几个要素：大量的知识信息的输入；挑战自己的能力边界；大量地思考商业和人性。

大量的知识信息的输入，还只是第一步中的第一步。看过书籍、文章之后，知识不会变成自己的，我们需要让自己在具备了一定的信息知识密度之后，对信息做重组，通过总结与书写，内化知识。就像费曼学习法讲到的，看过了、会做了、能够教给别人了，这几个阶段的差异不可小看。所以一本书，看第一遍和看第三遍，以及不同的年龄时间段来看，能够消化理解的知识是不一样的，真正被内化的知识才是自己的。在知识信息输入的阶段，我们会接触到一种东西，叫作思维模型。思维模型能够高效地帮助我们正规化思考，甚至可以在一定程度上改变我们的思考模式，对抗大脑惯性。

大量的知识信息内化之后，人的思维就会发生变化，要把自己的思维在真实环境下磨炼，要敢于迎接挑战。面对自己完全没有底气能搞定的东西，就需要一种勇气，记住一个声音"硬着头皮就是上"，虽然听起来有些不太理智，但是没关系，如果说突破总要有第一次，那么请让它尽快到来。

除了以上几点，在突破自我成长周期中，还要注重职业素养，也可以说成是"合作心理学"。在日常的同事配合中你可能感受不到职业素养有多么重要，但当你成为管理者之后，你就会明白职业素养的重要性，包括待人接物、工作的管理与沟通、节点反馈等。这听起来不是一个高深的问题，但是由于过去一直很少有人直接接受过职业素养课程，所以有必要自己重新梳理学习下职业素养。

此外，优秀的管理者必须要具备领导力。领导力是一个跨学科的包含了社会学、心理学的交叉领域，且不管是否成为管理者，领导力都会在我们一生中发挥重要作用。国外研究领导力的有沃伦本尼斯、彼得德鲁克，国内也有不少人研究，下图简单直观地从权利的角度解释了领导力。

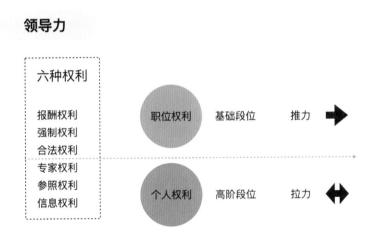

不同的人群需要具备的商业敏感度是不一样的，例如企业高管需要具备的商业敏感度表现为组织全局、商业模式、关键战略、财务目标等；而一线管理者需要具备的商业敏感度则表现为理解基本业务逻辑，利用有限资源达成细分目标。锻炼商业敏感度需要从四个方面挖掘学习：商业逻辑、商业行为、商业历史与商业兴衰，要了解这些信息需要从"微观+内部"以及"宏观+外部"两个角度去操作。从"微观+内部"的角度说，需要了解基础的商业动作、业务经营逻辑、产品设计与运营思考、供应链管理、流量模型、供需关系等，以上信息要做到清晰不糊涂，了解得越细越深入越好。从"外部+宏观"的角度来讲，需要了解商业成败兴衰史，国外有许多企业非常值得挖掘，包括Google、Apple、Paypal等，国内也有不少企业家的反思、经营逻辑与哲学，都是好案例。

对于构建元认知，这里只讲两点：首先要正规化思考，例如学习100个思维模型对抗直觉性思考；其次要能够以多维视角构建系统思维，要看到事情的全貌。

2. 组织势能

作为一个在商业生态位中的服务型团队，去驱动一些关键项目的时候，常常并不能做到顺风顺水，一个企业在不同阶段关注的事情也不一样，驱动关键事项要学会借势而行。要做到借势，需要注意几点：向上管理与平级管理、势能的窗口期。

上级领导是我们职场生涯中最重要、最关键的角色，上级会成为你的良师益友，也是重要的信息来源和坚强的后盾。管理一般是对下的，但其实对上、对平级也可以管理，因为上级是你重要的工作资源，如何利用好这个资源就特别重要。向上管理并非所谓的"跪舔"，也不是贿赂，这些都不是正常的关系和手段。向上管理是发挥我们的职业素养，与上级达成一种高效、合理、有启发的工作模式。向上管理需要注意四点：主动沟通、获得信任、高效提问、条理化汇报。

除了做好向上管理，也要适度做好平级管理，把平级同事作为信息流程的通道，通过交流双方的关键问题与关键思考，获得共同进步。同时注意自己的人设，有些话不能说，有些事不能做，管理好自己的职业定位。

做好以上几点之后，就是等待势能的窗口期。企业在不同的阶段有不同的战略，在战略拆解之后，就会出现不同的窗口期。设计驱动要观察窗口期，确保设计驱动符合公司的势能。

3. 战略视角下的设计决策

一个企业天然就会存在不同的视角，例如经营视角、产品视角、用户视角、商业视角、技术视角，当然也包含战略视角等。不同的视角关注的事情就会不一样，看待问题的角度也会不一样，如下图所示。

不同视角的关注点

CEO	当前面对的竞争事态
COO	利润需要被放大
CTO	技术团队的战斗力
业务VP	DAU增长速率
产品总监	距离KPI完成还剩2万单
技术总监	项目价值和进展

设计出身的管理者也容易陷入设计视角里面，反反复复触及效率、质量、氛围、创新、话语权、项目价值等。关注这些当然没问题，但是过度关注，甚至把全部的精力都投放到

这些因素上面，会使设计管理者的视角变得狭隘。所以要拿出一部分精力投入到战略视角下面，战略视角最接近企业CEO与高管的视角，也是企业经营的核心视角，在这个视角做设计决策与判断，容易无限地接近设计高管的角色。

要做到战略视角，就需要深度理解业务与战略逻辑。企业战略从研讨到制定再到拆解到各事业部，耗损的信息不算多，但是在事业部内部拆解到需求层面，就比较容易发生变形，如果只从这个角度去理解公司业务就变成了狭隘视角。前面我就强调了需要清晰准确地了解业务的经营逻辑、产品的设计运营、供应链模型、流量模型、供需关系等一系列的战略决策要素。想了解以上这些信息，前面讲到的上级与平级的管理就发挥了作用。

战略视角下做设计决策还需要寻找交叉变量。通常情况下，作为一个设计团队需要具备专业研究分析能力和组织能力。企业从目标到结果，整个阶段因为资源差异、视角差异、认知差异，会给设计团队提供发挥的空间。设计团队内部具备强大的专业能力和组织能力，就可以与业务团队形成强力协同，共同打一场硬仗。而所谓的交叉变量，其实就是设计团队与业务团队在协同过程中能够撬动多大的动态结果。在多个交叉变量里，我们需要寻找对企业、对业务更重要的变量，避免事倍功半。

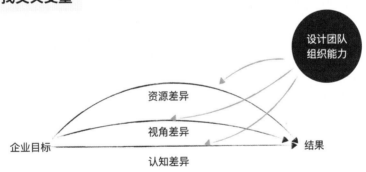

有些事情做了是锦上添花，有些事情做了是雪中送炭。而是锦上添花的事本身就是对企业资源的浪费，不值得推崇。

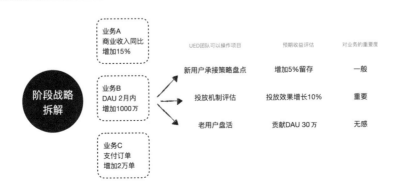

最后我想强调的概念是"关键决策"。日常性的工作虽然重要，但是无法支持质变，无法影响企业前行的关键进程。所以我们要花费更多的时间去考虑什么是能够强力推动企业发展的关键决策，这极有可能是企业、部门甚至个人发展史的里程碑。

 单鹏赫

现任转转用户体验设计部高级设计总监，拥有12年设计行业经验，8年设计团队管理经验，先后负责过3个设计团队的管理工作。在58同城与转转工作期间，先后负责过10多个全平台与创新业务的设计策略与管理工作，覆盖GUI设计、运营设计、品牌设计、交互设计、用户研究、线下店与服务设计、业务与战略分析等领域，带领团队突击冲刺过多个企业重要项目，并获得业界多个设计奖项。善于从宏观商业视角看待设计资源的组合投入策略，倡导从用户视角做轻量化的体验设计。

变革时期的设计领导力思考

◎ 翟莉莉

本文和大家分享一些关于设计领导力的思考，主要包含三个维度：变革时期的设计思考、设计价值的思考、设计领导力的思考。

变革时期的设计思考：从我们所处的如此多变的时代说起，如此多变的时代会对设计师的思维模式带来怎样的挑战？

设计价值的思考：对于设计行业而言，价值的评估标准是什么，设计师要怎样去看待和审视设计价值？

设计领导力的思考：领导力是一个团队内部的驱动力量，对设计团队的负责人而言，又有怎样的能力和拓展层面的要求？

1. 变革时期的设计思考

看似平稳的生活经常会被猝不及防地打乱。例如，2020年年初新冠肺炎疫情的暴发让我们措手不及，中国政府对此次疫情进行了有效的防控，将疫情对于人们工作、生活和方方面面的影响降到最低。但放眼全球，疫情给人们生活带来的影响还在持续。疫情之外，殊不知随着科技的不断演进，我们早已处于一个加速变革的时代。

很多人可能对"乌卡时代"这个词感到陌生，但相信对这个词所描绘的时代特性一定不会陌生。这个概念早在20世纪90年代就被提出，形容特定的时代特征：随着科技的不断进步而产生的易变性，价值观开放和多元带来的不确定性，"互联网+"时代不断的创新带来的复杂性，由于传统和现代思维习惯冲撞所带来的模糊性。好像这个时代除了"变化"这个稳定的特性以外，没有什么是不变的。

在如此多变的时代，AI技术能力在工作、学习、生活的方方面面被应用，因此设计和AI技术能力如何共生，是设计师在新时代中所面临的新课题。

在工作领域，2021年8月百度开发者大会上发布了"如流—智能会议纪要"，这款产品在强大的语音识别、语音增强、语意理解等多种AI技术支持下，可以做到一边开会，一边自动进行会议记录，以及实时智能提取并生成会议纪要。它将与会者从繁复的记录工作中解放出来，专注在问题讨论和解决层面，有效提升工作效率和优化开会感受。

在日常生活中，百度输入法应用图像识别技术，让用户输入12个字就可以生成手写字体，让平凡的普通人也能拥有自己专属的字体。

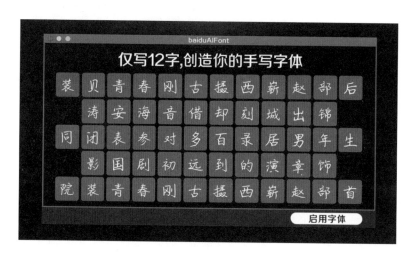

圆明园大水法遗址导航及复建项目，则应用全新的百度VPAS视觉定位与增强技术，让百度地图的用户可以轻松导航到大水法，同时通过科技穿越回160多年前，感受曾经气势磅礴的圆明园大水法圣景。

在工作中，项目中的设计师不仅需要从传统的用户角度出发，为用户体验进行设计，同时也需要考虑为机器进行设计，让机器学习认知这个世界。在用户体验层面，如何进行有效的信息架构、界面设计等，大家都非常熟悉了。那么在机器学习的层面，如何进行有效的数据信息采集、环境构建、安全区确定以及用户动线设计等，对设计师来说是新的挑战。

就数据采集而言，随着硬件技术不断发展，采集设备变得越来越多样。根据不同环境空间以及项目情况的特点，设计师需要和技术方一起选择适合的数据采集设备。例如，数据采集车适用于采集大范围区域的数据；随身采集背包可以用于采集车辆无法通行的区域；高空或难触达的区域的数据可以使用采集无人机。

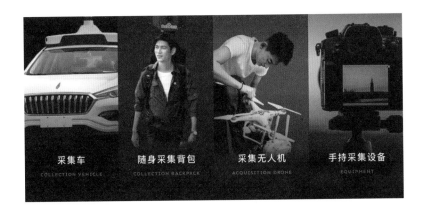

前面所提到的圆明园大水法遗址导航及复建项目，由于对数据采集精度有较高要求、同时考虑到数据采集时大水法遗址游客多等因素，经过测试，最终选定采用小巧的手持采集设备。

在数据采集的过程中，不仅需要考虑设备问题，还需要考虑数据信息的全面性以及采集的有效性，对数据信息集进行合理构建。需要考虑并保证用户在不同节气、不同时间段以及不同天气状况下到大水法遗址，都能够完成扫描复建的操作。此外，还需要考虑特殊的环境因素，例如遮挡物和安全区域等问题。对数据信息集进行合理的构建，需要同时考虑采集信息的全面性和采集信息成本，投入与产出之间的平衡性问题。通过掌握这些完整的有效数据信息，计算机在云端构建成数据信息库，将所有的点信息汇集成云，清晰构建出大水法遗址的有效数据信息云图。在计算机所构建的环境空间中，对用户而言哪些区域是安全或者适合触达的，哪些区域是不安全或者不适合触达的，用户适合的行动路线是怎样的，这些都需要设计师进行一次次验证和设计，并且训练计算机去完成。

在这个充满变化的时代，技术能力日新月异地演进，设计师所面临的问题和解决手段都在时刻发生变化。对于很多特定问题的解决、特定项目的设计而言，或许已经没有现成解决方案了，因此需要设计师具备专业能力的同时还具备很强的学习能力和抗打击能力，能够做到实时的探索与沉淀并行。以下是我们在实际项目中沉淀的基于AR领域的设计原则，分享给对AR方向感兴趣的同行。

变革时期的设计思考总结：

从传统的熟练提效型的思维模式，转变成探索沉淀型的思维模式。

2. 设计价值的思考

外延环境变化给我们带来的是思维模式变化层面的要求。回归设计行业本身，如何有效体现设计价值，是我们需要重点考虑的内容。

设计师经常会面临这样的局面：设计产出被质疑，陷入自我纠结，从究竟为谁而设计，到司空见惯的设计难以推动落地。归根结底，问题在于外界对设计价值评估的不确定性。

不同的社会环境、不同的认知和技术实现能力，影响着对于设计好坏的评价。把视角锁定在设计美学的范畴内，不同的文化背景、不同的社会环境、不同的技术实现能力等，对于所谓"美"的认知存在很大的差别，导致设计好坏和设计价值难以被衡量。如果把设计的重点放在交互层面，重点关注的内容是设计的表现层以及框架层，设计的好坏和价值通常也难以被衡量。但是如果把设计的视角放到用户感知的全流程中，从最底层的用户本源需求和公司商业目标的战略层进行思考，逐渐向功能设计、内容需求的范围层，以及信息框架的结构层覆盖，设计的价值则变得可以被衡量。

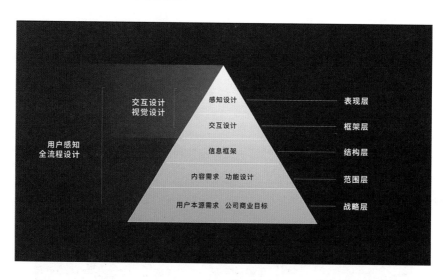

设计所考虑的范畴需要放大，从传统解决问题需要考虑的技术实现、社会变化、用户目标需求层面、扩展到从产品视角系统性地解决问题。同时考虑产品此时此刻的增长速度、用户留存、获客模式、竞争壁垒、厂商生态、终身价值等问题。

举个工作中的例子，百度输入法的键盘模式就在不断创新。特技键盘、机械键盘、YAN键盘、流光键盘，是设计团队和业务团队在键盘模式维度上共同去促进产品前行的案例，价值从用户视角或者业务视角都是被认可的。

特技键盘　　　机械键盘　　　YAN键盘　　　流光键盘

　　拿机械键盘举例，2019年在华为Mate30发布会上由百度、华为、CHERRY联合发布的仿真机械键盘，高度还原了CHERRY机械键盘的轴设计，这款设计的背后充分考虑了设计美感和最新线性马达技术的应用，还有更多产品维度的思考。

　　视角回到2019年，随着智能手机保有量的逐年上涨，智能手机的整体出货量却呈逐年下降的趋势，靠手机出货量带动输入法份额增长的红利已不复存在。在这样的市场环境下，仿真机械键盘设计的最初，经过人群的分析以及筛选，最终将目标锁定在了用户黏性高，同时拥有广大基数的机械键盘群体上，为这类垂直的人群进行精准化设计。设计背后融入了CHERRY经典的机械键盘设计、华为全新的线性马达技术、百度强大的输入法基础能力。完美实现仿真机械键盘设计，体现设计美感及用户体验的背后，还考虑了产品的增长速度、新的获客模式、厂商生态等方面的因素。仿真机械键盘的设计获得了众多用户的喜爱，也收获了与20多家机械键盘厂商的合作，为百度输入法赢得了厂商合作的竞争壁垒。

　　同样，行业首创的YAN键盘模式的发布背后也有很多产品层面的思考。对于百度输入法这样一款月活6.5亿的产品而言，换肤用户比例占48.78%，一套精品皮肤原本的设计生产时间却为5～10天，如何能够满足用户广大的换肤需求呢？设计师提出了将键盘进行解构的思考，从传统键盘设计的字母、按键、背景三个层面拓展为配饰层、文案层、字母层、按键层、环境粒子层以及背景特效层，不同层与层之间进行交叉组合会产生千变万化的可能，用户可以根据自己的需求选择合适的键盘模式，让千人千面成为可能，有效解决了超大量级的用户需求，站在用户的角度考虑了用户需求、用户留存、产品的终身价值等问题。键盘模式创新的实际例子，就是从产品视角系统性地解决问题。

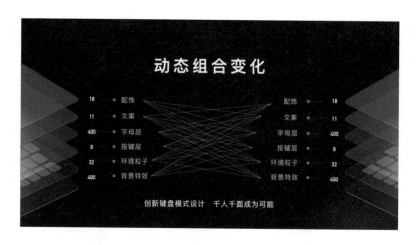

设计价值的思考总结：

从传统的用户体验设计，拓展为产品价值设计。

3. 设计领导力的思考

领导力作为一个团队内部的驱动力是隐性的，却对团队产出起着至关重要的作用。领导力是一种复杂的能力，东西方对于领导力的认知存在很大的差异，不同流派对领导力的执行也存在很大的不同。

在设计团队中什么人需要具备领导力？不做管理层，不是经理是不是就不需要具备领导力呢？其实不然，只要具备驱动多人的工作职责时，就需要具备一定程度的领导力。领导力是后天可习得的，是需要在实际的工作过程中经过学习锻炼才能逐渐具备和提升的。

设计师需要具备专业维度的综合能力，它既包括设计知识、设计实施、设计定位的专业能力，也包含解决问题、执行、项目管理等项目推动的能力，甚至包含方法论建设、知识传承等团队构建的能力。此处，还需要考虑对人与对事，对内和对外的综合能力。例如，沟通协作能力、人才培养能力、业务推动能力甚至任务分解能力。

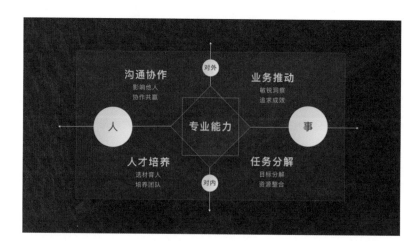

有效的领导力不仅仅是所谓的职位上的领导力，而是建立上下关系彼此认同的认同领导力、带领团队达成特定目标结果的成果领导力、带领团队人员共同成长的立人领导力。

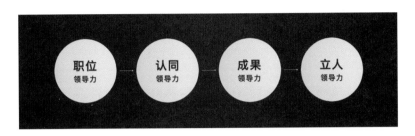

设计领导力的思考总结：

从传统的设计专业能力，拓展为设计管理综合能力。

总结变革时期的设计领导力思考如下：首先，变革时期要求思维模式从传统的熟练提效型，转变为探索沉淀型；其次，关于设计价值，则要从用户体验设计转变为产品价值设计；最后，对于设计团队的领导力要有能力维度的转变，从设计专业能力，拓展为设计管理综合能力。

瞬息万变的时代对我们而言是挑战，更是机遇。希望可以和所有设计同行携手，让我们心中有阳光，脚下有力量，砥砺前行！

翟莉莉

百度设计架构师，技术中台用户体验部经理，百度输入法、如流—智能会议纪要、AR技术、灵医智惠等方向设计团队负责人。从事用户体验工作10余年，有负责多个C端/B端/技术类产品设计及团队管理经验，团队发展及培训方向总负责人。

认为单纯美的设计并不是好的设计，设计应以满足用户需求/助力业务发展为最终目标。有丰富的带领设计团队创新，促进落地并产生价值的经验，沉淀出一套行之有效的方法，并在不同产品线得到尝试及验证。

第3章

方法与实践

从理论到实践，初探以人为本的系统设计：以老年人智能室内拖鞋项目为例 ◎李盛弘

01

随着老年人口比重逐渐增加，老龄化社会已经到来。在技术与医疗进步迭代的过程中，针对老年人所设计的产品、服务与体验势必成为设计师需要关注的重点之一。在面对复杂的系统性设计与社会问题时，设计领导者与设计团队需要具备正确的心态、运用系统性创意工具，带领并协调团队解决问题。本文从两个维度进行探讨：一是系统性创意方法，即如何拓展传统的以人为本的设计思维，导入系统思维与框架，帮助设计领导者与设计团队解决复杂的系统性社会议题；二是老龄化产品的实践，包含分析针对老年人所设计的智能室内拖鞋项目，分享项目主要节点的经验及相关工具的运用，助力设计团队更进一步了解系统性设计工具和创意方法。

1. 重新探讨科技与人的行为之间的关系

这个为老年人而设计的智能室内拖鞋项目，是我与麻省理工学院年龄实验室（MIT AgeLab）一同合作的。这并不是一个全新的老龄化设计相关主题，我希望能够借由这个设计挑战重新探讨科技与人的行为之间的关系，思考我们如何将科技无缝融入人们的日常生活中，或是我们如何让使用者的行为影响设计师在产品与服务上的设计决策。

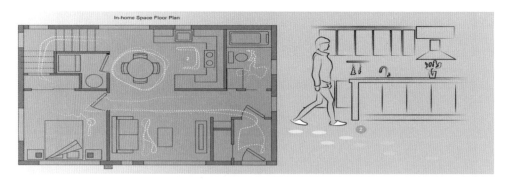

为老年人所设计的智能室内拖鞋情境概念图

完美状态下，人们在使用消费性电子产品的时候仍然可以维持自然与舒适的行为，不自觉地体验新科技带来的便捷性。这个与老龄化设计相关的项目使用了智能室内拖鞋作为一个科技载体，希望能借由老年使用者在室内穿拖鞋的自然行为（以东方国家消费者为主），收集到诸如人们在室内移动的轨迹、即时的身体健康状况、使用者是否跌倒与安全等数据资料，从而探讨我们如何使用这些数据资料，并从中寻找一些新的设计可能性，帮助设计师重塑老年人的居家空间，并将之扩展到我们的公共环境。

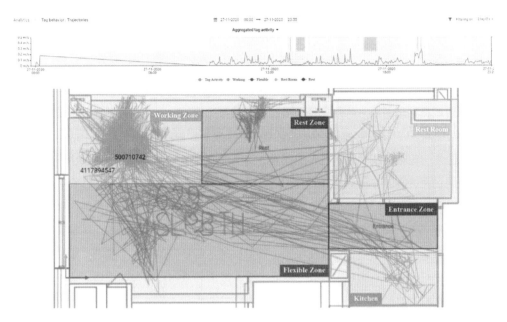

使用Pozyx室内定位系统模拟老年人使用智能室内拖鞋的移动轨迹

这个项目是以老年人为主要设计对象，因为老年人居家时长相对较长，另外室内拖鞋也可以作为一个侦测装置用以确保老年人的居家安全。市场上针对老年人所设计的智能拖鞋，大部分都只提供防摔倒的侦测功能，并没有一个完整且系统的产品服务体验，好的老年人智能室内拖鞋的设计非常缺乏。为了能更全面地从不同年龄阶段了解用户对于智能拖鞋的使用需求与痛点，我们将调查问卷分为三个类别：青年族群（18～30岁）、中年族群（31～60岁）、老年族群（61岁以上），然后对收集到的资料做进一步分析，并将各族群的结果做对比。

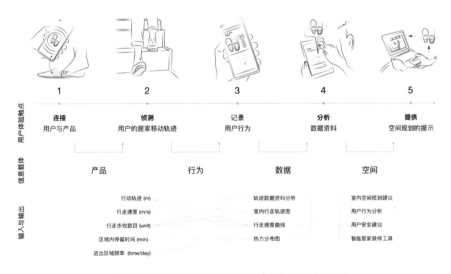

为老年使用者所设计的智能室内拖鞋系统架构图

2. 寻找一双安全且舒适的老年人智能室内拖鞋

我在做线上用户访谈时，其中一个老年受访者提到："我的家庭医生面带微笑地告诉我，找不到解决鞋子问题的方法，那就买一张机票直接飞到夏威夷住。"受访者接着向我解释原因，夏威夷都是海滩，可以光着脚直接走在舒服的沙滩上，人们并不需要穿鞋，就不会有需要穿鞋的问题，也就不会有找不到合适鞋子的烦恼。

家庭医生一句轻描淡写给年长者的回复，背后隐藏着市面上非常难找到适合老年人鞋子的现实问题，而这问题并不只是针对室内拖鞋这个类别，市面上也很难找到适合老年人的休闲鞋、凉鞋等。随着年纪逐渐增长，人的双脚会自然地变形，可能是走路姿势、体重、鞋子多方面原因造成的，然而左脚与右脚的尺寸与足部形状也会不同，我们的双脚其实并不是完美对称的。特别是当老年人患有慢性疾病（如糖尿病）或是做过足部手术后，更加容易加速双脚的变形。对于老年人而言，寻找一双既安全又舒适的室内拖鞋并非易事。访谈过程中该受访者也提到自己愿意花非常高的预算购买一双适合散步或居家穿的鞋子，这可以减少生活上的诸多不方便并缓解脚部疼痛。老年人能够好好走路与自由行动本质上就是一种健康生活状态的表现。

通过问卷与调查，我们发现多数老年人仍然将鞋子的舒适程度放在第一位，这也是人们最直接与真实的感受。老年人同时也关心鞋子的使用安全性，例如室内拖鞋的鞋底设计需要有防止滑倒的纹路，或是拖鞋需要装置定位功能用来追踪使用者的安全状态。比较有趣的是，部分老年人希望智能室内拖鞋能具备一些额外的贴心功能，诸如增加使用时的舒适度，可以是足部按摩、足底针灸、帮使用者运动等功能。老年人也考量许多与健康相关的因素，例如智能鞋子可以同时测量个人的心率、血压、平均血糖等。我们也从问卷中发现一些描述的功能还没有在市场上完全实现，从中我们可以知道哪些有趣的设计概念能满足一些潜在老年用户的需求。

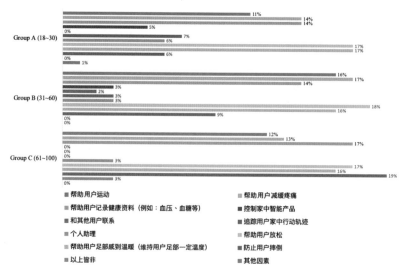

问卷问题"如果你有一双智能室内拖鞋，你希望这双鞋能够具备哪些功能？"的回答

安全性与实用性是针对老年人室内拖鞋的产品功能方面的考量，而舒适性是针对老年人使用拖鞋服务时的情感与使用方面的考量。当我们在为老年人设计未来智能室内拖鞋的时候，设计师应当将多方面因素纳入整体产品设计与开发流程，满足产品基本条件之外的使用者的情感需求。

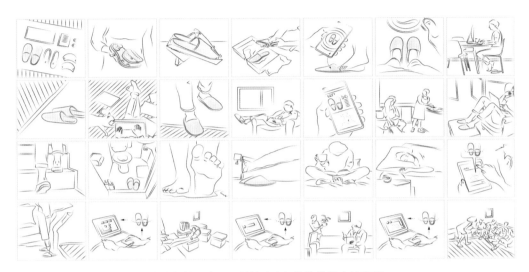

为老年使用者所设计的室内智能拖鞋概念故事板

3. 教育养成也是设计产品体验的一环

通过问卷调查与用户访谈，我们发现许多老年使用者并没有具备充分的关于如何选一双适合自己的鞋子的知识。除了考量穿着时的舒适程度与安全性外，不同的使用场景（室内或室外、运动或休闲）、鞋子的材料组成（皮革、绒布、不织布、塑料）、鞋底的尺寸（性别与尺寸的关系、左右脚的尺寸）、科技创新、产品售后服务体验、基本足部保健医疗知识、产品的合理定价等都是同等重要并且需要一同考量的。

多数鞋类品牌，包括为老年人设计鞋子（室内拖鞋）的品牌，大多是着重于产品的外观设计，希望能够满足消费者（老年族群）对于鞋子基本的样式设计、尺寸、材质搭配等要求。深度着重于环绕服务以及老年人的使用体验的设计就相对缺乏。这也反映在消费者（老年族群）对于一双好的智能拖鞋的想像与认知。通过调查问卷及对老年族群消费者的访谈我们认识到，多数老年受访者很难想像或是理解在未来购买一双智能室内拖鞋的情境，这种新的以人为本（human-centered）的产品与设计能赋予使用者新的产品与服务体验。简单来说，多数人能够快速地理解对于智慧型手机所提供的智能与加值服务，但是当这些服务扩展到为老年人设计的智能室内拖鞋时，多数用户并不太理解物联网（Internet of Things，IoT）对于产品设计的可能性与适用性。

对于消费者（老年人）的教育落实可以从基本的如何选择一双适合自己的鞋子做起，再延伸到如何维护足部健康、增加相关的足部医疗知识等方面。教育养成是产品体验设计的重要一环，也往往是设计师容易忽视的部分。

针对年长者智能拖鞋项目所设计的初步问卷调查

4. 通过参与式共创工作坊获取更多设计灵感，提升作品深度与广度

这次项目的设计过程中除了有充足的文献探讨、专家访谈、用户调研外，我们也运用共创工作坊的形式进行设计灵感启发。我收到邀请与麻省理工学院媒体实验室（MIT Media Lab）的Hiroshi Ishii教授合办共创工作坊。工作坊着重于用户访谈与点子发散的阶段。我们请参与的40名学生撰写访谈大纲，因为新冠肺炎疫情的关系，我们在线上访谈了一名老年用户，时间约30分钟。我们请她分享对于现有室内拖鞋的体验和痛点。

在麻省理工学院媒体实验室（MIT Media Lab）举办共创工作访，参与的学生一同线上访谈年长使用者，了解她的穿鞋体验、遇到的产品痛点与故事（图片来源：Justin Knight）

大约30分钟的用户访谈中，每组学生派出代表轮流提问，其余学生记笔记。其后学生们会分享并分析访谈内容，并且通过脑力激荡集思广益地把点子贴在预先设计好的海报上。这也是疫情期间，我们第一次试验性地进行线上线下结合的共创设计工作坊。共创工作坊试验效果非常显著且别具意义与代表性。通过直接与老年用户沟通并适当引导用户访谈，共创工作坊帮助参与学生了解了实际设计挑战，并从中了解到我们所设计的产品确实会影响老年人的生活品质。从这些年轻设计师与参与学生的讨论中，我们可以提炼出许多有趣的设计概念，拓展对于设计问题的理解、提升设计解决方案的广度与深度。

在麻省理工学院媒体实验室（MIT Media Lab）与Hiroshi Ishii教授一同举办共创工作访的场景
（图片来源：Justin Knight）

5. 初探用以人为本的系统设计方法解决系统与复杂的社会挑战

在撰写这篇文章时，此项目仍然在MIT AgeLab进行。我试想在设计建模（prototype）阶段，如何能将设计方法与系统工程的方式结合。我们在使用以人为本的系统设计方法（Human-Centered System Design，HCSD）时会考虑到如何量化一部分的设计结果，并运用相对科学化的方式记录创意发散的过程，发挥正向的社会影响。设计老年人智能室内拖鞋项目就是一个运用以人为本的系统设计方法的初步实验。以人为本的系统设计方法，并不是创造出另一套方法或理论，而是建筑在现有的方法论基础与经验上。在面对不同类型的挑战时，我们应该懂得如何运用系统性方法与设计框架帮助设计师与团队解决系统与复杂的社会挑战，并且提出建设性的未来设计方案。

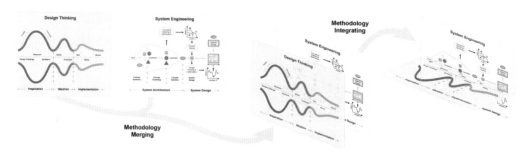

融合设计方法与系统工程方法解决系统与复杂的社会和科技挑战（图片来源：
Experimenting with Design Thinking and System Engineering Methodologies）

特别感谢以下团队与实验室帮助，让我能有机会撰写这篇文章并分享部分研究成果：

MIT年龄实验室（MIT AgeLab）主任Joseph F. Coughlin博士、Chaiwoo Lee博士、Julie Miller博士、Taylor Patskanick、John Rudnik、Alexa Balmuth、所有MIT AgeLab的成员、MIT工程学院副院长Maria C. Yang教授、MIT航天系与工程系Olivier L. de Weck教授、Carnegie Mellon University设计学院Jonathan Chapman教授、MIT建筑系学生Ziyuan Zhu与Jasper Yang。

本文参考资料及推荐阅读信息可扫描下方二维码查看。

李盛弘

　　李盛弘是一名设计师，他擅长从各种领域汲取知识和灵感，通过丰富的视角与跨领域团队协作为客户开创新价值。他热衷于研究设计及技术对社会的影响，及其如何与社会相整合，这些都直接影响着他开发问题解决方案的方式。李盛弘曾担任IDEO设计师、Continuum设计师、复旦大学上海视觉艺术学院兼职副教授、美国国际设计杰出奖（IDEA）评委。他的设计作品曾赢得包括美国国际设计杰出奖金奖、德国百灵设计奖（Braun Prize）、美国Core77设计奖、德国红点（Red Dot）金奖（Best of the Best）和德国iF奖在内的诸多国际奖项。李盛弘拥有台湾成功大学工业设计学和电机工程学双学士学位，目前是美国麻省理工学院（MIT）的在读博士，担任麻省理工学院年龄实验室（MIT AgeLab）研究员、麻省理工学院永续办公室（MIT Office of Sustainability）研究员、MIT xPRO课程体验设计师与IDSA Boston主席。

场景矩阵思维：重构本地生活行业设计

◎ 李煜佳

本地生活是由饿了么和口碑融合的全行业场景，饿了么9.0从送外卖走向送万物，联合口碑打造本地生活"新服务"阵地，包含到店、到家行业全品类。多元业态场景该如何设计呢？本文我们将剖析本地行业赛道情况，借助设计思维模型帮助业务打开局面，并通过餐饮、医美、商圈等行业案例，深度还原"场景矩阵模型"在实战中的应用。通过这一体系化的思维，可以快速摸清行业特征，把握关键因素，击中用户痛点，助力业务增长。

阿里本地生活集吃、喝、玩、乐、衣、食、住、行多维于一体，核心覆盖饿了么外卖到家场景，以及口碑团购到店场景；并渗透多元行业，覆盖品牌合作、物流配送、会员系统、智慧门店以及商家收银等，共同构成本地生活行业的生态圈。

1. 为什么需要场景化设计

首先从一个简单的问题说起，星巴克为什么横着排队呢？通过观察其实不难发现，在排队的过程中，顾客很可能会顺带看看周围的商品，顺便再多买一块曲奇饼干，或是周边产品等。用罗伯特·斯考伯所著《即将到来的场景时代》中的话来总结，就是场景可以影响用户行为与心理。

日常生活中也有很多类似的案例。例如，顾家与宜家对比，顾家更侧重单品，强调特色卖点；而宜家则更侧重氛围，表达生活态度。又如，新华书店与茑屋书店对比，新华书店更侧重书的工具性以及书架的分层性；而茑屋书店则更侧重书的知识载体性以及书店的学习平台性。因此，不同的场景下，面对的用户需求不同，对应采取的设计策略也有所差异。

2. 如何构建本地行业场景

那么当我们进入一个新行业时，该如何快速切入场景，寻找痛点并识别设计机会呢？可以使用场景矩阵模型——通过 4 个步骤的推演，层层洞悉，并对比单一维度的场景和复合维度的场景下不同的用户需求，有效地探索设计机会。

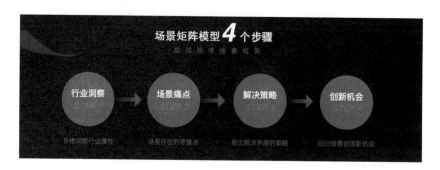

1）行业洞察

针对单一维度的场景，行业特征通常是深度垂直化的；而针对复合维度的场景，行业特征则是需求多元化的。

2）场景痛点

针对单一维度的场景，用户更重视物质层面的满足；而针对复合维度的场景，用户更追求精神层面的满足。

3）解决策略

针对单一维度的场景，设计策略更多围绕着以用户需求为中心而展开设计；而针对复合维度的场景，设计策略更倾向于先理解并满足用户的情感诉求。

4）创新机会

针对单一维度场景的创新机会点，在于垂直高效场景的营造；而针对复合维度的场景，创新机会点则在于临场感的营造。

3. 本地行业场景案例实操

接下来，我们将在具体的业务场景中，运用场景矩阵模型，探索设计发力点。

1）餐饮行业

首先以餐饮行业为例，通过用研等方式进行行业洞察，我们不难发现，侧重物质消费的用户，更关心菜品的价格低不低，优惠的力度大不大，用餐的时间短不短；而侧重精神消费的用户，则更多关心的是环境美不美、手艺好不好、服务佳不佳。由此，我们便可以区分出两类不同需求的用户，一类是以优惠利益为导向的高频消费轻餐/快餐的用户，而另一类是以品质服务为导向的喜爱正餐的用户。

那么在洞悉了轻餐/快餐和正餐的不同场景特征，以及清晰地知晓了用户的场景需求后，我们便展开了设计，为这两类不同的场景分别提供了"售卖型"和"品质型"两套商详框架，以便更有针对性地满足差异化需求。

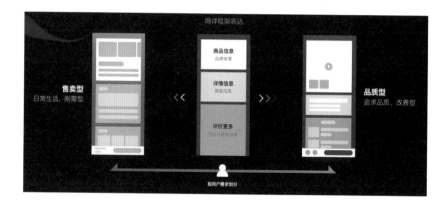

侧重效益的轻餐行业，采用了售卖型框架；而更侧重品质的正餐行业，采用了品质型框架。下图便是具体应用的案例。

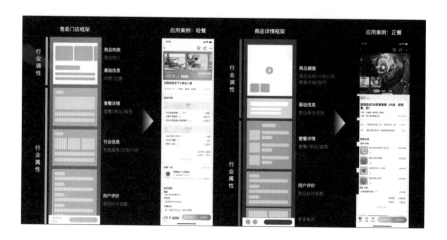

　　并且，我们还能再进一步细分，可衍生出四套更具侧重性的框架结构，以便适应更多元的场景特征。例如，轻餐注重交易、正餐提供信息、网红餐厅宣传内容，而高级餐厅则更重视打磨服务细节等。

2）医美行业

　　不同于餐饮行业，医美行业由于消费门槛更高且风险更大，用户往往从产生想法到完成到店转化，转化较餐饮行业更难。因此，针对医美行业，须从整个流程入手，通过层层递进，各阶段所呈现的内容均有所不同。同样是按照矩阵思维，我们可以针对阶段进行拆分，并提供适应于各阶段的内容与服务设计。

　　首先，当用户处于变美想法萌芽阶段时，我们通过互动测肤的功能，以轻交互的形式，科普相对专业的医美知识，帮助医美小白降低认知门槛，同时还能激发用户的消费意愿。

其次，当用户想要进一步了解项目细节时，我们依据用户核心关注的内容类型，对界面框架进行了搭建，便于用户更为直观地了解项目介绍、针对问题以及技术原理。

		面部松弛	肉肉脸	嘴角嘟嘟肉	法令纹/苹果肌下垂
什么项目	推荐项目	Fotona	热玛吉	超声刀	线雕
针对问题	主要功能	溶脂/综合提拉	紧致/控油	提升紧致	提拉/改善下垂
	作用层次	筋膜层	真皮层	筋膜层	皮下组织
技术原理	使用技术	激光	射频	超声波	埋线
	治疗频次	3次一疗程/隔6月	每年1次	2年一次	2年一次

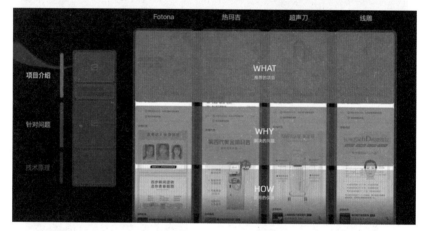

在完成以上医美行业的洞察及场景需求的细分后，便进入解决策略、创新机会的环节。为了让用户更有安全感，凸显品牌的信赖感，我们通过多维的设计考量，兼顾安全性、权威性以及专业性。

最后，根据不同项目的价格高低，我们还提供了多维的支付方式，以便满足不同支付能力的用户需求，例如大额贷、预付金以及花呗免息等。

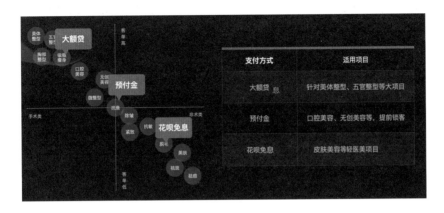

如此一来，便实现了从医美原理科普到认识自身问题，再到提供解决方案，最后帮助建立意愿的正向循环，实现从线上关注到到店咨询的持续转化。

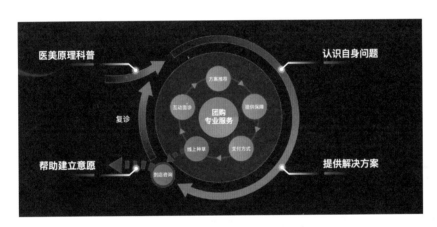

3）商圈行业

商圈作为集餐饮、生活服务、零售甚至医美等多元行业的综合体，场景分析便更为复杂。首先，我们将商圈拆解为线上与线下两个维度。先来了解一下商圈线下的特征，相信大家周末时不时会逛逛商圈，通常看到海报上的二维码，会想要扫码吗？于我个人而言，取决于海报的内容、当下的心境以及周围的环境这三个维度。由于心境相对主观不可控，而海报的内容又受客观规范的限制，因此我们决定将重点放在更具可控性的位置方面，分析"海报等物料位置与顾客扫码之间的关系"。我们从线下顾客动线入手，分别调研了商圈 10 大关键区域的客流情况。

扫码看大图

　　我们发现了一条重要的规律：客流速度快且客流密度高的区域，由于空间拥挤且不易停留，顾客并不会主动完成扫码的行为。反之，客流速度慢且客流密度低的区域扫码转化率更高。

　　因此，我们对商圈中所有的物料，按照氛围型、互动型、行动型进行分类。氛围型物料，例如大型吊幔及商圈曲屏等，适用于节日气氛的营造，但不直接承担扫码转化的任务；互动型物料，例如智能机器人以及可交互大屏，核心作用是帮助客人导航找店，也不直接承担扫码转化的任务；而针对行动型物料，例如休息区的卡牌、洗手间的梳妆盒等，用户有充足的时间及空间完成扫码转化的目的。最终，我们主要优化了线下物料码的布局位置，以便提升客流扫码成功率。

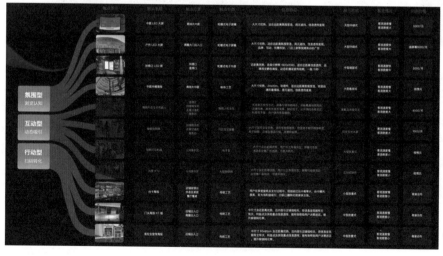

扫码看大图

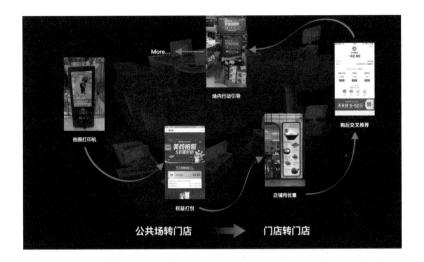

那么下一个环节，当用户成功扫码之后，如何通过线上的体验留住用户，而非仅仅是做"扫完即走"的一次性买卖呢？同样是区分场景。根据用户调研的数据显示，场外的用户更侧重内容吸引，而场内的用户更侧重找店核销以及多元品类之间的搭配消费。于是我们分别针对商圈入口以及商圈首页区分了场内、场外两种场景，以便内容更有侧重性。

当用户到场核销后，灵活根据他的历史消费习惯，推荐同商圈内的其他品类。例如消费完一顿海底捞正餐觉得油腻，来杯清爽的乐乐茶便能消暑；或是享受完朋友聚餐，再一同约个按摩度过愉快周末。如此一来，便实现了正餐搭配轻餐、餐饮搭配生服的交叉营销策略。

我们再来总结一下场景矩阵模型的要点：

首先，通过行业洞察多维分析，针对单一维度的场景，提升其垂直高效性；针对复合维度的场景，满足其需求多元性。

其次，抓住核心场景痛点锚定目标，针对单一维度的场景，更多满足物质实体的需求；针对复合维度的场景，更多满足精神品质的追求。

再次，寻找解决策略，针对单一维度的场景，倾向以顾客基层需求为中心而设计；针对复合维度的场景，倾向以顾客的情感为服务对象而设计。

最后我们希望达成目标：让单一维度的场景更加垂直高效；让复合维度的场景更具临场感与归属感。

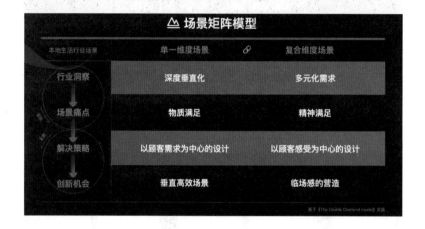

李煜佳

阿里巴巴本地生活体验设计专家，餐饮行业线负责人。曾就职于华为，其间"融合视频项目"获得 2017 国际 RedDot 设计奖。主导过阿里巴巴本地"双11""双12"、首页、会员等大型项目。个人出版《千里之行：启程用户体验设计》，该书由林敏博士、UI中国 CEO 董景博、童慧明教授等 9 位业界知名人士联袂推荐。从业过程中拥有设计专利60余项。

雷雨佳

资深体验设计师，目前就职于阿里巴巴。负责餐饮交易履约业务及商圈等业务，是阿里巴巴集团设计研习社的主要编辑。毕业于美国加州艺术学院（CalArts）人机交互专业，曾入围2018 NASAD Exhibition、2019 Hackathon，获 2020 Curator's Pick。参与阿里巴巴本地"双11""双12"、互动和会员等大型项目。

运用以用户为中心的互联网思维"智"造"新"家电

◎ 张宇

纯米科技是一家智能家电公司，今天我想借助下图所示的拥有8英寸平板的智能料理机作为基础，分享一下我们是如何运用互联网的一些方法论来对其进行0到1的落地。接下来，我会分四部分来进行分享，分别是用户方法论、产品定位、需求和产品实施，其中我会重点分享用户方法论的部分和产品实施的部分。

1. 用户方法论：定位用户、接近用户、了解用户、变成用户

1）定位用户

以往对于定位用户我们在服务设计领域常用的方法是研究用户动线，就是从用户对产品心动开始，到购买、开箱、使用、收纳、维护、处理整条的行为动线拆分开去研究用户。但今天我不准备讲这么复杂的方法，我把这个方法提炼了一下，变成了下图。

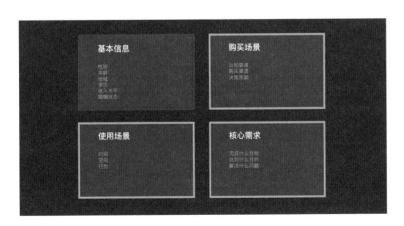

首先，在产品初期会根据现有的一些基本数据，去设定一个模糊的用户画像。这个用户画像的基本信息包含了这个用户的性别、年龄、地域、学历、收入水平和婚姻状态。同时这个用户基本信息与购买场景、使用场景、核心需求是有很强的关联；用户性别与认知渠道是有关系的，当然也和决策周期有关系。举个例子，有些男性用户在购买某个科技属性的产品时会在B站看看这类产品的评测视频来帮助自己做出决策，而一些女性用户可能会在抖音或者小红书看某个主播对产品的介绍，同样去看评测认知渠道会有差别；同时又因为性别消费差异的问题，大部分的男性用户的决策周期可能都比女性用户要稍长一点。

其次，地域、学历和收入水平是有一定的关联的，发达地区研究生学历的用户与欠发达地区高中学历的用户之间，在收入水平上是有差异的，两者的差异会直观地反馈到认知渠道和购买渠道上。前者的认知渠道可能在新媒体渠道较多，后者的认知渠道虽然有一部分来自新媒体，但传统媒体以及线下门店仍然占有一席之地。

以上两点我只是简单地把用户的基本信息和购买场景做了一个关联。重点是我们要先设定一个基本的用户画像出来，这个画像可以具象到某一个身边的朋友，甚至可以给这个用户取个名字，曾经我们就给设定的用户取名叫作李豆豆，这样一来，这个用户的形象就不会是虚无缥缈的，而是现实存在的，我们只是根据购买场景、使用场景对这个朋友的各项指标做了修正而已。

接下来是核心需求。我们用各种手段设定了一个用户的画像，然后使用场景也是相对成立的。那么我们的产品对于用户而言，到底是解决了他生活中的什么问题呢？例如，我们的AI智能料理机，解决的就是日常做菜的问题，用户只需要把切好的配菜放进产品中，20~30分钟就能自动做出一道菜。这个是终极目的，当然到达这个目的之前我们还要解决很多路径中的小问题，例如用户不知道怎么购买食材、不知道如何搭配作料、清洗锅体特别麻烦等，有问题存在就证明我们的产品有被需求的可能性。

总之，用户的画像要符合全部购买场景、使用场景、核心需求的关联，只要有一个关联出现一些不太符合大众认知的情况，就证明这个用户画像需要再一次调整。举个例子，我们设定一个名叫张三的女性，高中毕业，在上海做办公室文员工作，月收入5万元。这个一看就不符合大众认知，基本没有女性用户会叫张三，而且高中毕业的办公室文员，月收入5万元也不符合实际。

我们会在日常的工作中使用不同颜色的便签纸写好用户画像的基本信息，然后再一条一条地写这个用户在其他场景的动作，最后再根据这些收集来的信息做删减工作。

2）接近用户

这个点相对比较简单，就是要把我们设定的用户画像和行为去现实求证。一般来说，我们会用诸如调查问卷、街访、入户访问、三方调查的方法来求证我们画像的真实性。除了以上的方法以外，我还特别推崇和行业专家进行交谈，这会让我们从专家的视角首先了解到产品本身就存在的问题，以及用户迫切想要的解决方案。行业专家所接触的用户类型是不一样的，不会因为单一用户的言论而偏听。先收集专家的意见，然后再去和用户进行沟通。我们有很多从业者，从来就没有和用户直面地沟通过，更别提去找寻行业专家了。这也不奇怪，因为我们无法定义什么叫行业专家。其实，行业专家包括很多，销售能力特别强的人、拆机器设备特别强的人、在用户间特别有话语权的人都可以称为专家，这些人接触用户非常深入，与他们交谈可以获得很多意料之外的建议。

如果确实没有条件去与专家、用户面对面接触，我们也可以进行小范围的问卷调查，例如制作一张问卷表格，面对面和公司内部的人进行交流，这样也可以有效地帮助我们修正自己设定的用户画像。我们将这样的问卷称为"百人测试"，这是一个极小范围的测试，所以样本的可行度是有限的。

3）了解用户

用户的属性按"二八原则"大体可以分为两类：对这个产品极度感兴趣的占20%，我们称这样的用户为信仰者也不为过；其余80%的大部分用户其实是想利用产品来解决日常的某个需求而已。但这两大类的用户中其实还可以细分为小白型、冷漠型、探索型、极客型，所占比例也是逐渐减少的。我们为什么要知道这些呢？这个其实还是跟目标用户人群有关系，同时也跟产品的种子用户有关系。产品的切入点如果是极客型，那么产品功能要开放一点，能让极客型用户自己去捣鼓；如果是小白型，那么产品的核心功能在第一层级就要让用户有直观的体验，反而其他延伸性功能可以放在二级甚至作为增值服务在后续迭代中推出。例如，最早的小米手机所针对的就是极客型的"发烧友"用户，后来才扩大到普通用户，"发烧友"就是小米手机早期的种子用户。

4）变成用户

从业人员要想变成用户，就需要和用户同处一个环境中。产品人员如果要构建一个相对准确的环境的话，就需要在短期内做出一个可行性方案。我们在定义AI智能料理机的时候，就找了很多友商的产品摆在一起，模拟了真实的厨房环境，不断地使用这些产品。我们相信只有在真实的环境下使用才能发现一些问题，把这些问题提炼出来，看看哪些问题是能够优化的，哪些问题是需要新的解决方案的，从而整合所有的解决方案放到我们的产品中来。

2. 产品定位：产品生命周期、时空法则、价格差异点

上面讲了很多关于用户的话题，接下来稍微简短地讲一下如何定位产品。产品定位的第一个方法是产品生命周期。产品的发展周期大体可以分为工具型、内容型、社区型、平台型，这个产品生命周期原先来自互联网产品，但近年来逐渐被软硬件结合的产品所接受。就算早先某些软硬件结合类产品不具备内容型的属性，也会将这类产品的内容属性放大到其他的移动端产品去。例如，电饭煲以前就是单纯的工具型产品，但近年来不论小米还是其他友商，都针对年轻群体扩大了其除了做饭以外的内容属性，这也是为什么很多人拿电饭煲做蛋糕的原因。

明白了产品的生命周期，就可以根据产品目前所处的阶段，来寻找这个周期内用户所需要的功能与产品落地之间的平衡点，把优势资源投入用户最迫切需要解决的问题上来。

产品定位的第二个方法是时空法则。我们在定义某款产品的时候，要看看这款产品3年前是什么样子，当时解决了用户的什么问题，这个问题是功能型的还是增值服务型的；现在这类产品是什么样子，在产品功能上有没有做技术性的迭代；未来我们可以在哪个点进行突破，是技术迭代的突破，还是用户感知的突破，甚至是可以聚焦在产品之外，寻找其上下游维度的突破。

产品定位的第三个方法寻找价格上的差异点，定义产品在价格上与友商的产品有什么竞争优势，寻找一个合理的价格区间，形成错位竞争。简单来说，要让我们的产品在功能、外观以及各项体验上以同价位和友商的产品形成正面竞争的力量。价格不一定是越低越好，这反而会陷入一个生产力与生产关系的悖论。还是要结合用户，基于目标用户的综合消费力决定定价策略。总之要记住，产品的定位不是去寻找价格的洼地，而是要结合用户的特征寻找一个合理价位空间。

3. 需求：什么是用户最迫切需要解决的问题

我们得到需求的方式有很多种，可以求助于用户、行业里的专家、公司内部运营的伙伴、市场部门的伙伴，自己在场景化的生活中也会得到产品的需求。

这些需求大体可以分为功能可用性的需求、体验性的需求、扩展性的需求、生态的需求。例如，智能料理机初期的目标用户提了一个关于推荐每周吃什么菜的需求，这个需求在当时来说，确实是用户急切想要的功能，但对产品而言，却不是初期阶段必须要执行的需求，因为就当时而言，这个需求的实现需要强大的算法支持，难度较大，而做出这个需求所带来的用户价值并不具备广泛性，不用这个机器推荐，也可以用其他的产品来代替。

　　这个需求的筛选过程其实用的是产品价值和生产力之间的四象图，简单来说，在确定了产品大周期的前提下，我们就可以用实现难度和价值高低来判断哪些需求是P1级别的。那么怎么来确定产品价值高低呢？这个又和产品当前的北极星指标有关系，如果这个阶段我们的北极星指标是引流，那么有关用户的各项指标就是第一优先级，价值最高。如果这个阶段我们是为了销量，那么和销量相关的各项功能就是第一优先级。

4. 产品实施：如何落地一款产品

　　我这里讲的产品是指App、Android Launch以及软硬件结合的产品群体，因为各类的IoT设备还需要一个手机App来进行物联。虽然我们也在实践如何用一款智能屏幕类设备去进行所有的物联控制，但距离完成还有很长一段路要走

1）场景化

　　基于目标用户人群、产品在行业所处周期以及相对明确的用户需求，可以得到一个比较模糊的功能边界。接下来，我们只要把用户使用产品的所有动线在基于产品的基础上拆解为若干个场景，再在每个场景思考如何去做最小化可实现的产品或者功能（Minimum Viable Product，MVP）。

　　例如我们刚才讲的食谱推荐，那可能算是一个后期需要迭代的功能。但是用户在移动端App针对食谱的查阅、收藏、点赞等相关行为是否可以多终端同步信息，这个就算是比较迫切的功能了，而这个功能的确定就是从移动场景的MVP调查中获得的。

我们从接触产品的环节中提炼出了五感法。说得简单一点，就是考察用户在视觉、听觉、触觉、嗅觉、味觉层面对产品本身有没有可以突破的点。例如，这个产品的外观符合大众审美吗？机器设备运行的时候噪声如何？有没有可以直接与产品交互的声控系统？产品的触感怎么样？开箱的时候有没有异味？做出来的饭菜好不好吃？从这几个角度逐个返回真实场景中去，就能得到问题的突破口。

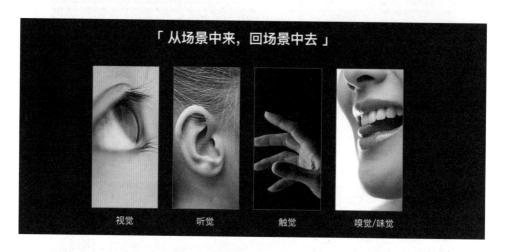

2）里程碑与MVP

那又如何去落地我们获得的那些功能呢？可以借助两个工具，一个是里程碑，一个是MVP。里程碑是最好的划分功能实现成本的工具，一个功能好不好实现，在原型阶段就可以按着里程碑来切分。相较于纯软件产品的里程碑，软硬件IoT类型的产品可以先从产品周期的商业逻辑开始。

MVP的概念在纯软件产品中提得比较多，硬件产品受限于成本实现整机MVP的不多，但功能点的MVP还是比较多的。简短说明下什么是MVP。例如，我现在要去北京，在什么交通工具都没有的情况下，我肯定先走路，有滑板就用滑板，有自行车就用自行车，这些就是MVP，总之以当前可用的工具能帮助我尽快到达北京为原则。

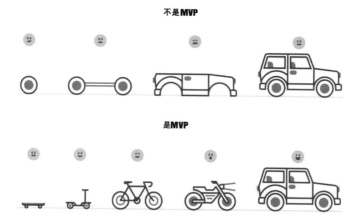

产品定义中我们该如何去执行呢？还是用料理机来说，对于料理机而言，做出一道家常菜就是这个产品在功能型生命周期的MVP，那食谱是不是MVP呢？我们认为是的，这跟我们最早确定的目标用户群体有关系，所以我们采用了分段式的视频和语音助手的方式来做引导式的食谱，优化了用户在做菜中需要记录食谱步骤的交互过程。

3）交互泳道

最后再讲一下交互，其实交互还是从用户的生活动线出发。先研究用户是在哪里看到产品的，用户是怎么使用、收纳产品的，等等，一步一步拆解，最后用五感的方式去不断打磨产品与用户的交互方式。

我们所运用的工具无非是交互泳道：把每一个交互点用泳道的方式画出来，看每个交互点有几个入口，有几个出口。有的时候入口太多也未必是好事，举个例子，用户要选择一个模块的时候，可以用点击平板的方式，也可以用物理旋钮选中的方式，这个看起来给了用户多个入口，但实施的时候如果没有合理区分使用场景，没有合理引导用户行为的话，初级用户会处于一个选择困难的状态。这个时候，我们完全可以用软件迭代的思维方式，第一个版本只有一种交互方式，然后做一些真实的调研，在第二个版本的时候推出第二种交互方式。在用户可以达成共识的交互基础上再提供另一个选择，而不是同时提供两个不同的交互让人手足无措。

总之一句话，我们做得多一点，用户就用得爽一点。在场景泳道图中，我们把用户接触产品这个点作为开始，列出完成交互中的每个点，根据交互频次列出泳道。然后再逐步分析哪些交互点是可以减少的，哪些交互点是可以被更好的交互方式替代的，哪些交互方式是可以增加交互准确性的。罗列出来问题再参照竞品的方式逐个优化。

张宇

纯米科技软件产品总监。2008年工作以来，前后加入麦肯光明、胜加广告公司，服务过欧莱雅、施华蔻、Nike、方太电器等品牌。2015年开始创业，先后服务于上万家教育机构。有着丰富的产品设计、产品管理经验。长久以来，"一切以用户为依归"是他做产品、设计的原动力。

从注意到行动，借助无意识行为模型提升产品转化率

◎ 李悦

人们每天平均会做600多个决定，有95%的决定都是在大脑无意识情况下做的，无意识的行为贯穿于我们日常生活的每一刻。作为设计师，如何有效利用用户的无意识行为，帮助产品提升转化率，是我们每天都面临的考验。通过对用户行为发生的生理及心理过程的研究，笔者提炼出用户无意识行为发生的四个阶段：注意、兴趣、决策、行动，通过顺应每个阶段的无意识行为，调整和设计数字产品的界面，可以帮助设计师更好达成转化率提升的目标。

无意识行为模型，是笔者近两年研究人因学、认知科学、行为设计学、心理学、营销学，结合界面设计的相关知识总结而成。模型基础源自福格行为模型、AIDA模型、马斯洛需求层次理论和影响力法则。

1. 注意

作为设计师，我们掌管着产品的表现层，决定着用户对产品的第一印象和探索欲望。不管是基于内在兴趣还是外在刺激，当用户打开我们的产品，看到我们的设计界面时，能否通过界面设计，快速传达核心信息，瞬间抓住用户注意力，成为设计师越来越重要的使命。

感兴趣的读者可以去看一下短片《凶手是谁》，感受一下我们注意的局限性。人脑每秒钟可以接触400亿条信息，但能够进入意识的只有40条，而真正能记住的则只有4±1条，这是一个非常狭小的漏斗。

所以要在那么多竞争元素中脱颖而出,获取用户的注意力其实是一件相当不容易的事。作为设计师,我们千万不要一厢情愿地以为我们放在界面上的东西,用户就会注意到,真实的情况是,用户往往是视而不见的。

这里归纳了设计师常用的能够吸引用户注意的4种手段:运动、面部、对比、本能。

1)运动

运动可以说是最有效的吸引用户注意的方式。人类有约1.25亿个视杆细胞。视杆细胞有一个非常重要的作用,就是觉察运动。对运动物体的关注,是一个不由自主的潜意识过程,且有充足的视杆细胞支持,所以运动是最有效、使用最为广泛的注意力引导方式。

适用场景:在界面设计时,为最想让用户注意并操作的元素添加合适的动效,可以有效地提升该元素的点击转化率。

除了额外添加运动因素,我们还可以挖掘元素本身的运动属性,并将其展示出来,这样的运动方式会更加贴合场景。例如,对于很多视频类的产品,在提供封面让用户选择时,都

会提供预览动图，让用户更好地注意并理解其内容，进而促进内容本身的转化。相对而言，这种利用元素本身的运动属性比附加的动效更容易让用户接受（而不是将其视为干扰）。

所以添加运动效果，对设计师的挑战就是要尽可能结合元素本身及场景的特性，让其运动看起来自然而有趣。

2）面部

面部也被验证能有效引导用户的注意。

在人的大脑中，有专门针对面部的视觉识别区域——梭状回脑区。这个脑区可以让面部绕过通常的视觉解析渠道，快速被人注意和识别。

适用场景：在一些展示人物图片的场景，尽可能展示人物的脸，特别是能看到眼睛的脸，可以明显提升该图片的视觉吸引力。

不管是设计卡通角色，还是选择物料素材，使用面部图片都可以有效提升该图片的视觉关注度。

3）对比

对比是设计上最常用的表现手法，用来凸显界面上的主要信息。常用的对比维度包括色彩、形状、大小（粗细）、虚实、投影、情绪等。在这些简单的维度上，做出强烈的对比效果，可以很好地吸引用户的视觉注意力。

（1）色彩。

色彩是界面设计的第一语言。明快突出的色彩总是会在第一时间抓住用户的注意力。特别是页面色彩相对单一时，色彩的显著性越强，越容易产生跳出效应。

除了让元素本身自带特别的色彩之外，设计上也常常采用附加元素色彩的方式来短期增强元素的视觉注意力，例如我们常见的小红点和运营标签，都是通过额外的元素色彩点缀，增强原信息的视觉醒目度。

（2）形状。

因为视觉皮质中存在简单物理特征（例如颜色、形状）的侦测系统，所以对于差异化的简单图形，能快速产生跳出效应。同时，根据格式塔原理，人的视觉天生偏好简洁的形状，越是简单的形状，越能够吸引用户的注意。所以，在一堆正方形中的圆形，会产生跳出效应，让人瞬间聚焦。

多个复杂图形对比，图形边缘越是光滑简洁，聚焦效果越好，圆形是所有形状中聚焦效果最好的形状，所以很多标志设计和海报设计，都喜欢使用圆形来吸引用户注意力。

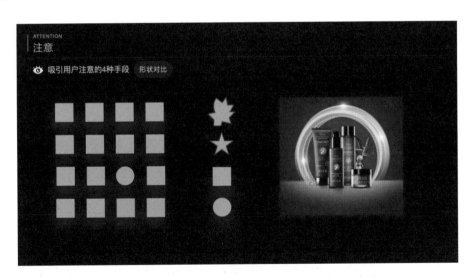

（3）大小。

大小对视觉的吸引力跟相对位置有关。

当两个元素并列（分开）时，一般来说，越大的元素，视觉重量感越强，越容易吸引用户注意力。

但是当两个元素重叠时，因为主体与背景的原理，大的图形会被看作是背景，小的图形会被看作是主体，则相对小的图形更容易吸引用户注意力。

所以当我们进行设计时，对于并列的元素，可以采用不同的大小来强化大的主体。也可以通过主体和背景的运用，用大的背景来聚焦小的主体。

（4）虚实。

虚实模拟的是日常世界中的远近关系，近处的物体清晰，远处的物体模糊。越清晰的物品，越容易吸引用户注意力。

在手机上常用的毛玻璃效果，就是通过虚实对比让用户聚焦在当前的主体上。

（5）投影。

在Material Design中，在屏幕的x轴和y轴构成的平面之上，还引入了z轴的概念。z轴表示平面上各图层元素的高度关系，这种高度关系主要是通过投影来体现。投影越重，代表图层在z轴上的位置越高。投影越重，视觉层级越高，越容易吸引用户的注意力。

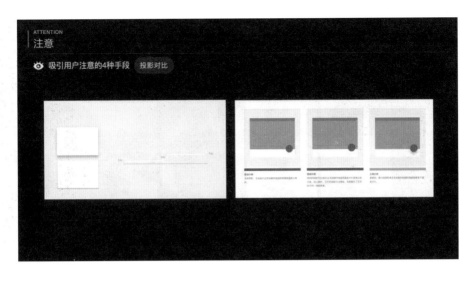

（6）情绪。

人是社会性的动物，对于他人的情感变化非常敏感，越是强烈的情绪，越容易唤起用户的注意力，如果要增强人物的表现力，可以用更饱满的情绪来吸引用户。

4）本能

大脑有三重结构：本能脑、情绪脑和理智脑，它们是逐渐演化而来的。

本能其实是最具吸引力的，之所以放在最后，是因为很多时候它无法在界面设计中直接被设计师所用，但在游戏和运营活动中还是可以参照的。例如，可以在场景中使用食物或危险情况的图片，它们从本能的层面吸引着用户注意。

2. 兴趣

兴趣是指个人对研究某种事物或从事某项活动积极的心理倾向性。这里我们着重介绍3种保持兴趣的方式：奖赏、相关、好奇心。

1）奖赏

人的兴趣分为物质兴趣和精神兴趣。奖赏是典型的物质兴趣，包含实体的或虚拟的奖品。许多产品都会以金钱、真实/虚拟物品作为奖赏，吸引用户参与。

在平台让利/补贴的情况下，往往可以快速吸引一批用户。但奖赏涉及投资回报率的核算，更多的是以运营为主导，设计师需要关注的是将奖赏对用户的吸引力最大化。

2）相关

心理学研究表明：人最关注的是自己。所有人都对自己的名字很感兴趣，对自己的照片也都很关注，对提到与自己相关的人、事、物都会快速反应。

动画角色主动跟小朋友打招呼、支付宝在用户生日当天给予祝福、演员在演讲时跟观众对话，这些与用户互动的方式都可以引发用户强烈的兴趣。

3）好奇心

好奇心是个体对某事物全部或部分属性存在认知空白时，本能地想添加此事物属性的内在心理。好奇心有一个"缺口理论"，洛温斯坦认为，当我们觉得自己的知识出现缺口时，好奇心就会产生。有缺口就会有痛苦。要解除这种痛苦，就得填满知识缺口。

好奇心往往会引起意想不到的效果。例如国外有研究者做了这样一个实验，在垃圾桶上写上"世界上最深的垃圾桶"，结果获得了比其他垃圾桶高8倍的垃圾回收量。还有朋友圈曾经风靡一时的模糊照，其实都是利用了人们的好奇心去吸引用户。

世界上最深的垃圾桶　　　　　　刷屏的模糊照

3. 决策

决策是人们为各种事件出主意、做决定的思维过程。为了达成理想行为，我们所有的设计都在围绕说服式设计展开，目的在于激发用户"同意"的心理。罗伯特·B. 西奥迪尼所提出的"六大说服原则"是迄今为止总结出的最有效的6种促进用户"同意"的方式，这六大原则分别是互惠、喜好、社会认同、权威、承诺一致、稀缺。

1）互惠

互惠是对他人的某种行为，我们要以一种类似的行为去加以回报。所有免费的礼物都是吸引用户行动决策的诱饵。

例如，一开始我并不是微信读书的会员，但它经常会送我一些限时的会员卡，等我真正养成阅读习惯之后，就觉得买一张挺实惠的。所以互惠就是给你一些让你感觉物超所值的物品，激发你的互惠心理，付出更大的投入和回报。

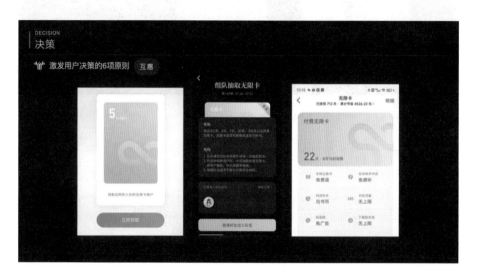

2）喜好

喜好原则是指我们乐于顺从自己喜欢的人，所以我们会买自己喜欢的明星代言的东西，使用周围朋友所推荐的东西。例如，vivo手机一直都会聘请一些当红明星进行代言，以此激发受众群体对手机的喜爱。

3）社会认同

社会认同是一种参考他人行为来指导自己行为的心理现象，也就是我们常说的从众心理。它主张其他人（尤其是与自己同类的其他人）都相信、有所感或正在做的事情，自己去相信、去感受、去做也是恰当的。这种恰当感能推动人们做出改变。

互联网上常见的使用社会认同的功能包括榜单、评测、标签、评论等，社会认同源自人的社交归属感。人类作为群体性动物，总是希望能够融入周围的圈子，与周围人的言行、思想保持同步。

4）权威

权威是指人们倾向于遵从权威/专业人士。

因为相信他们会发挥专业的智慧，所以认为听从他们会带来好的结果。

例如国际用户体验设计大会就会邀请很多权威人士和机构背书。一些医学类的产品也会请医学专家背书。这样可以提升产品的专业度和可信度，当人们面临多个选择无法决策时，就更容易采取权威的建议。

5）承诺一致

承诺一致指的是用户一旦采取某个立场，之后的行为就会尽可能地符合这一立场。

每个人内心都是守信的，做出承诺后不遵守，会引发人内心的内疚和懊悔。为了避免这种内疚感，人会渴望与承诺保持一致。

例如，有些产品在弹出系统的通知授权弹窗之前，会先弹一个开启消息通知的提示，让你知晓开启后的好处，这样用户允许通知授权的概率就会提升。

再例如你在网上预约了一款商品，商品上架后，商家通知你去购买，这种情况你大概率也会去购买，这都是利用了承诺一致心理。

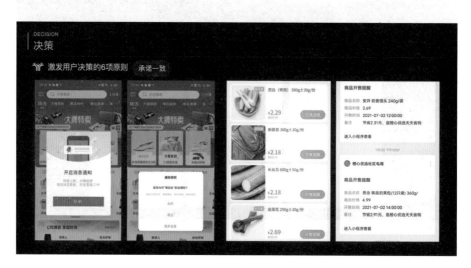

6）稀缺

物以稀为贵。人们会为稀缺的事物赋予更高的价值，这是一种典型的社会心理学现象，也源于人们的认知偏差——强烈希望规避损失而不是获得收益。

以消费者的眼光来看，任何获取限制都提升了物品的价值，例如常见的限时、限量、限身份等设计策略。

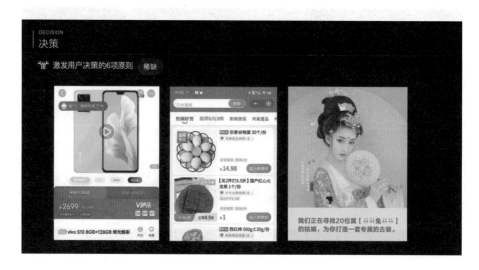

4. 行动

如果用户注意到了，兴趣也有，大脑也决定要行动了，接下来就只剩行动这个动作了。

但千万不要以为决策完成，行动就理所当然。想想我们有多少决定要做的事情（像减肥、早起、看书等）最后都没有实现，行动也是一个非常重要的阶段。

想要促使用户行动，需要降低用户的3种负荷，分别是视觉负荷、认知负荷和操作负荷。

1）视觉负荷

视觉负荷是指界面信息的视觉复杂度。

视觉复杂度很重要，因为人对产品的第一印象在0.5秒内就形成了。视觉复杂度过低会让人感觉简陋、无聊、不满足，但视觉复杂度太高，又会增加用户的认知障碍，让用户觉得困惑、烦躁、想逃离。

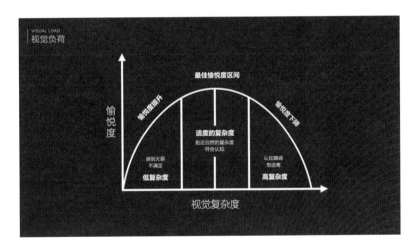

当界面初始状态为空时，或者出现错误无法显示内容时，设计师通常会为其设计插画、动效甚至小游戏，这可以看作是增加界面复杂度，以提升用户情感愉悦度。

当界面信息特别少时，我们也可以通过增加背景、插画等装饰性元素适当增加复杂度，以此来提升界面的视觉感受。但要注意增加的装饰性元素不能影响到主体元素的视觉焦点。

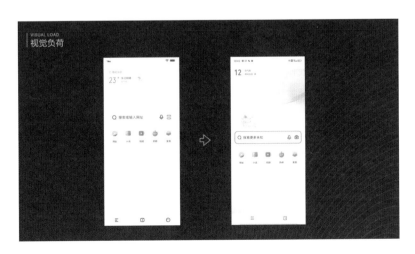

对于一个登录页而言，显然下图左侧界面的背景插画太重，容易让用户把视觉焦点转移到背景上，所以应该降低背景元素的视觉复杂度，让登录框重新回归主体地位。

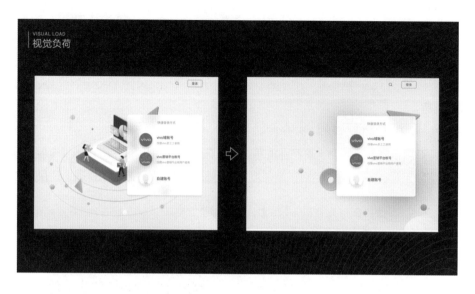

2）认知负荷

认知负荷是指用户在界面上理解、思考、回忆、计算信息的脑力消耗。

交互设计有一条经典的原则叫Don't make me think，指的就是不要让用户思考，不要增加用户的认知负荷。

相对于视觉负荷和操作负荷而言，认知负荷消耗的能量更多。如果每个步骤都提供了用户所预期的信息，他们不必动脑思考，即使步骤相对较多，用户也会感觉轻松，因为思考的负荷比操作负荷更重。

降低认知负荷常见的策略也有3点：

（1）保持设计的一致性。

一致性包含的内容比较广泛，既包括行业产品框架结构的一致性，也包括产品内部功能流程的一致性，还包括产品认知/操作模型与用户心理模型的一致性。

所有一致性的设计，都可以降低用户的认知成本。所以做交互时，对外，要考虑行业产品设计的一致性；对内，要考虑各功能组件操作的一致性，对任何一个单一的功能设计，都要考虑其与用户心智模型的匹配度，让用户在各产品相似功能之间漫游时，都可以调用已有的心智模型来认知理解，以此来降低用户的认知负荷。

正面案例：长视频类产品的产品框架及首页结构都是一致的，短视频产品的主界面布局和操作交互也都是一致的。

反面案例：设计师用了不同颜色来表示不同绩效的占比，橙色用S表示。但这种颜色的选取，没有考虑橙色作为警示色的心理认知，导致色彩认知出现了冲突，会增加用户的认知负荷。

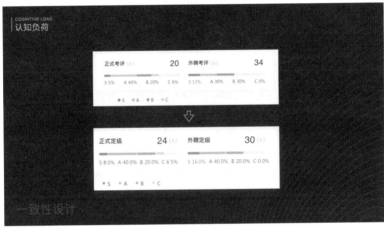

（2）渐进式呈现。

如果一项任务比较复杂，我们可以将其步骤全部整理出来，然后根据步骤之间的亲密性进行分组，把任务拆分成多个子模块，每次只展示一个模块，通过分步导航的模式进行渐进式的呈现。

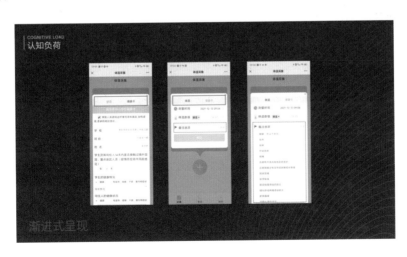

同时，在同一个子模块内，如果后面的内容跟前面用户的选项强相关，我们也可以先做隐藏，当用户选择特定的选项后再进行呈现。这两种渐进式呈现的方式，都可以帮助用户降低认知负荷。

（3）信息可视化。

从信息传达效率和易理解性上来讲，图表化、富媒体化的信息，会比文字信息更容易理解和吸收，所以才会有"字不如表、表不如图"的说法。

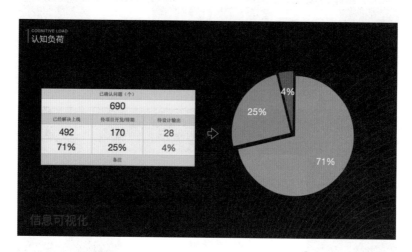

为了降低用户的认知成本，我们要尽可能地将信息结构化、可视化，尽可能地让信息能够一目了然，减少用户阅读理解的认知负荷。

3）操作负荷

操作负荷指的是用户移动头部、胳膊、手指等身体部位的运动耗能。

降低操作负荷可以分为两大步骤：

第一，尽可能地减少操作步骤/对象。

在互联网上，一般每增加一个步骤，转化率就会相应降低，很少有100%转化的漏斗。所以我们在设计时，还是要先贯彻交互设计的第一策略：合理删除。先做减法，尽可能地减少用户的操作步骤。

第二，在操作步骤确认的情况下，尽可能地减少每一步的操作负荷。

降低单个步骤的操作负荷，常用的指导原则是费茨定律。费茨定律告诉我们，操作负荷与操作对象的距离、大小有关。想让用户快捷地完成操作，需要尽可能地加大操作对象的面积，并减小与操作对象的距离。

例如vivo浏览器的搜索框设计，当把搜索框的面积增加后，不仅用户反馈满意度提高了，而且点击率也有微涨。

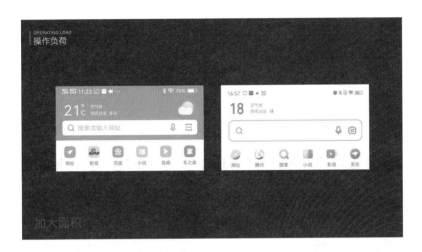

再例如手机系统的搜索设计，按照用户固有的认知和习惯，多是位于屏幕上方，但Android最新版把搜索放到了底部，确实对于用户来讲点击会更加方便。

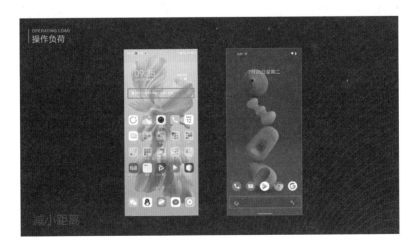

根据费茨定律得出：

- 交互对象面积越大越易用。
- 交互对象距离越短越易用。

除此之外，考虑到人的手指在屏幕上滑动很难保持直线、维持稳定以及实现多指触控，所以有如下原则：

- 交互方向越宽泛越易用（要注意和其他交互方向的冲突，避免误触）。
- 交互时间越短越易用（点击的易用性大于长按和双击）。
- 交互接触点越少越易用（单指易用性大于多指）。

综上所述，要降低用户在触屏上的操作成本，我们可以从大小、距离、方向、时间、触点五个维度来综合考虑。

到这里，无意识行为模型的四个阶段就全部介绍完了。我们确实可以通过这四个阶段的设计策略来引导用户达成理想的行为，但是否每次都有效？其实未必，这里还涉及一个非常重要的反馈闭环。

如果用户行动后，获得了符合自己预期，甚至超越自己预期的结果，那么用户就会形成品牌信赖，进而不断循环这一套行为，养成习惯。

但是如果用户行动后，未取得自己期待的成果，则会有一种被欺骗的感受，从而导致负面心理和评价，这种心理会抑制原来的注意、兴趣和决策因素，那么我们前面提到的这一些策略可能都会失效，这就是祛魅效应。

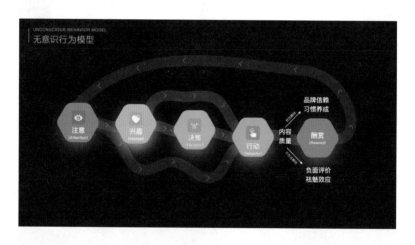

所以从注意到行动这一套模型，其实是有它的适用场景和边界的。

当我们确信我们可以给用户提供他需要的价值时，可以采取各种方法，让用户感知并使用我们的产品，从而感受到最终产品的价值。但是当我们并不确定最终价值是用户所需时，则要谨慎使用，否则祛魅效应会以偏概全地形成整体的负面感受，导致我们后续想提供真正价值时得不到用户信任。

参考资料：

书籍：《认知与设计》《福格行为模型》《影响力》《行为设计学》《思考，快与慢》《人之觉醒》《注意力》《脑与意识》。

课程：《基于人因的用户体验设计课》。

规范：Material design。

本文PPT扫码下载：

李悦

一个从事体验设计10余年，坚持每天早起、阅读、写作与分享的设计师，公众号"悦姐聊设计"的主理人。硕士毕业于哈工大媒体系，担任过两届IXDC的主讲人，曾任职于新媒、搜狗和滴滴，现任vivo内容分发业务高级设计经理，负责日活千万的浏览器、视频等业务，并主导制定了vivo校招设计师专业课程培训体系，有着丰富的体验设计经验和新人培养经验。

05

智能时代下的字体探索和设计

◎ 陶一泓

在我们的生活中，字体无处不在。每天我们打开计算机，拿出手机，走在路上，都能看到造型各异的字体。那么在我们当今的时代下，字体都有哪些可能性呢？

在谈智能时代前，我们先简单回顾一下字体发展的几个阶段。首先，汉字源于以书写为基础的书法类字体，从最早刻在龟壳、兽骨上的甲骨文，到后来的金文、小篆和楷体、行书，书法一直贯穿着整个汉字的发展。与此同时，因为信息传播的需求，出现以雕版和活字印刷为基础的传统印刷字体。而后逐步出现应用于智能设备的数码字体，如早期的点阵字到矢量字。

以书写为基础的　　　　以雕版和活字印刷为基础的　　　应用于智能设备的
书法类字体　　　　　　　传统印刷字体　　　　　　　　　数码字体

随着现代技术的不断突破，打印机、移动设备都达到较高的显示精度。字体设计的条条框框也被一一打破，现在字体市场拥有上万的字库，如复古气质的美术字体、气势恢宏的手书类字体、醒目和具有设计感的标题字体等。很多字体被使用在广告、包装，以及海报宣传上。字体市场正呈现出一种百花齐放的状态。

我们现在正处于万物互联的智能时代中，智能设备也在不断崛起。以前我们只会在移动终端看到字体，而现在人与人、人与设备、设备与设备之间都可以自由沟通，像汽车、手表、智能家居、移动办公设备都开始覆盖字体显示。那么，如何通过字体将各个设备相互串连触达？我作为一名字体设计师，一直在思考和探索这个课题。正好之前有机会和华为UXD部门一同协作，为鸿蒙系统设计一套专属的定制字体。通过这个项目，和大家一起分享当下智能时代字体的探索和设计。

在整个项目中，最大的难点在于应用于智能设备的字体。其实除了字体本身的造型和美学设计外，字体呈现效果也受多种因素的影响：屏幕渲染、屏幕分辨率、用户阅读的距离和状态等。当然，光靠一款字体把所有问题解决是不现实的。我们与华为UXD团队一起，分析不同设备的阅读距离，了解人们不同状态下阅读的舒适区，结合人因研究去努力尝试探索最为完美、合理的解决方案。

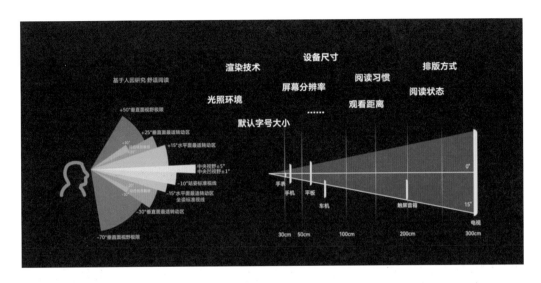

首先，字体作为一个载体，其本质以及最重要的作用是传递信息。字体是否看得清、读得懂，成为衡量字体好坏最基础的标准。因此，我们聚焦字体的功能性和普适性，针对多元复杂的应用场景，处理好字体"灰度"的感受。

对于"灰度"的感受，近视的朋友可以尝试摘掉眼镜，就能很直观地感受到原本字体的变化。其实在生活中，我们看到的字并不像下图第一行所表现的一样清晰。往往看距离较远的字，或者运动状态下的字，都会在不同程度上呈现出模糊的感受。因而处理好字体"灰度"的感受，意味着要更好地提升字体的功能性。大家可以比较下图中的两行字在清晰和模糊的状态下有哪些不同或者不舒服。

第一，当我们看到蓝色圆圈部分，会发现模糊状态下的字体，笔画过于接近，白空间缺失。我们或许会感觉"超"字的横和撇似乎连在一起。"感"字中间部分则过于聚焦，笔画显得很拥挤。第二，当点笔画和横笔画穿插时会有一种似连非连的模糊感，在"灰度"模糊状态下视觉感受则是直接相连。第三，笔画聚集处，会出现过重的视觉焦点，显得不够通透。第四，个别笔画设计烦琐，在灰度状态下影响阅读。

综合分析和研究，要处理好字体"灰度"的感受需要适当放松字体内部的白空间，并且优化笔画衔接的每一处细节。这样才有可能在模糊状态下也呈现清晰的视觉效果。

如下图所示，第一行是修改前的样式，第二行是经过分析与优化设计后的样式，能够明显感知到字体不同的通透度与清晰度。所以处理好字体的灰度能够极大程度地提升字体辨识度，为用户带来更好的易读性体验。

另一方面，可变字体成为目前字体技术的热门话题。可变技术也为当下智能设备的融汇创造出了可能性。

在鸿蒙系统下，不同的设备有着不同的阅读距离和阅读状态，以及不同的屏幕尺寸。如果在同一个系统下要满足所有不同设备的最优默认阅读字重，可想而知，整个系统内会有几十款预装字库。但是，通过一套可变字体，就能针对特定的使用场景给予最佳的字号及字重。

例如现在的设备都有深色模式。如下图左侧所示，在相同粗细的字重下，深色背景感知文字更粗。因此，深色模式下可以通过可变字体使用更细的字重，并且用户在切换时不会带来很强的字体感知变化，能够让字体的视觉粗细与灰度模式保持一致。

不同的字重粗细也意味着不同的使用场景。Regular字重主要用于正文排版，因而采用91%的平均字面率，这样能带来更好的默认字间距并且在正文阅读时更显通透流畅。Heavy字重侧重于标题字的使用，往往更需要醒目以及块面感，因而采用更大的95%的平均字面率。

综上，在结合人因研究的条件下，我们从处理好字体的灰度、利用可变字体的优势和特性、采用不同字重特殊化的设计方案三个方面来做到字体极致的阅读体验。

在满足阅读体验的同时，字体作为万物的基础语言该如何唤醒人与人情感的共鸣？字体不再是完全依附于设备的产品，而是连接用户情感的关键。

什么样的字体风格能符合当下时代中国人的审美和情感诉求？回顾汉字整个发展历史，楷书占据着最悠久的时间：从秦汉的萌芽发展到魏晋南北朝时期，在唐宋朝达到繁荣，又在明清时期逐步巩固。如今，人们从识字到练字也都是遵循楷书的审美与书写规范。因此，我们尝试从楷书中寻找书写的精神，融入书法的笔势和美学。

当我们在百度百科搜索什么是楷书时，它的解释为"形体方正，笔画平直，可作楷模"。所以楷体结构方方正正，横笔、竖笔皆有平直之美。其次，撇、捺、弯、钩笔画富有优雅、个性的线条灵动美。楷书符合人们内心渴望公平、正直与简单的追求，也符合人们内心对于美的感受。寻找楷书的美并结合智能设备的字体进行设计，是现代科技服务于人、连接用户情感的关键所在。

正因如此，全新的鸿蒙字体继承汉字文化的审美，汲取楷书的笔势，让字体横平竖直、简洁明了。在弯、钩、撇、捺等笔画中融入书写感，使其富有弹性和韵律。

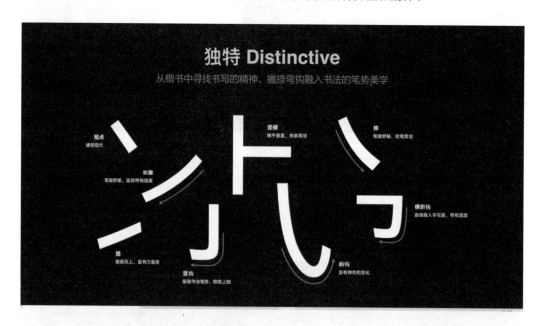

在注重阅读功能性的同时，鸿蒙字体继承楷书平直与方正之美。端庄舒适的字体结构加之优雅温润的笔画造型，正是鸿蒙字体在黑体和楷书之间找到的平衡。在万物互联的智能时代，通过每一个小小的字体承载起点滴的情感温度，为用户带来一种流畅清晰而又温润的阅读体验。

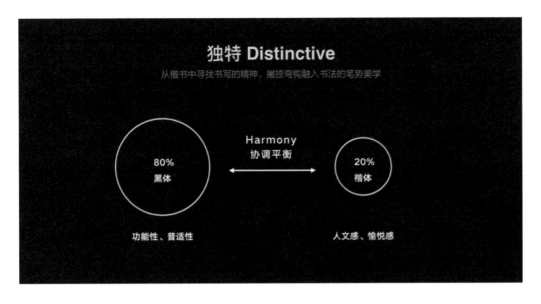

基于华为全球化的视野以及多元复杂的应用场景，这款可变字体支持简繁中文、拉丁、西里尔、希腊、阿拉伯 5 大书写系统，覆盖105 种语言，助力华为构建万物互联的智能世界。同时，鸿蒙黑体也可以免费商用，欢迎大家下载使用，互相交流。

 陶一泓

汉仪字库高级字体设计师，致力于探索多元化字体设计，以及字体与情感之间的多种可能性。主创定制字体项目：阿里巴巴普惠体、HarmonyOS Sans、VOLVO Broad CN、OPPO Sans可变体、汉仪第五人格体等。

06

真实世界的医疗健康服务
设计机遇与实践

◎ 李超

在医疗健康行业中，阿里健康公司的属性是"互联网科技＋医疗健康服务"，是希望成为照顾每个人和家人健康的行家里手。行家里手指的是阿里健康就像我们身边一个懂医学的朋友或家人，都是值得我们信赖的人。

阿里健康的设计价值是为真实的世界解决疾病困苦与健康问题。真实的世界实际上是指一个非常重要的出发点：要对这个世界的人群和痛苦进行非常详细或实事求是的观察。阿里健康的设计方向是善意与疗愈的设计。这与其他行业的设计有着非常大的区别。像娱乐行业与媒体行业的设计，更多的是希望能够通过内容和产品去知道欲望，然后去控制行为。但是在医疗健康行业的设计中，我们更多要解决的问题是来访者的焦虑和痛苦。所以善意和疗愈是一个设计方向，也是一个主要目的。而设计态度不仅仅要追随功能，而且更多地要追随人的情感。这一情感更多的是要放到场景中去看。

设计的目标是要达成设计、商业与技术相互平衡的一种合作的关系。在我关注的人群中，在互联网发起健康服务需求的人群主要有三类。第一类人群是宝妈，她们更多的是新妈妈，对于照顾孩子与育儿知识是相对陌生的，所以会通过上网去了解一些真实的育儿知识。第二类人群是轻急症患者，这一类人群更多是上班族，他们平时工作压力大，身体会有一些症状。但由于工作忙没有时间去就医，所以更多的时候会选择在网上查看疾病的情况与网上购药，或者通过在线问诊的方式去满足他们的需求。第三类人群是慢病患者，像高血压或糖尿病的患者基本上是需要长期服药。服药对于他们的生活来说是一个固定的内容，已经成为生活习惯。这三类人群的情绪包括敏感、恐惧、易怒、焦虑、孤独、难过、自卑、质疑等，这些在他们的生活当中都有一些映射。

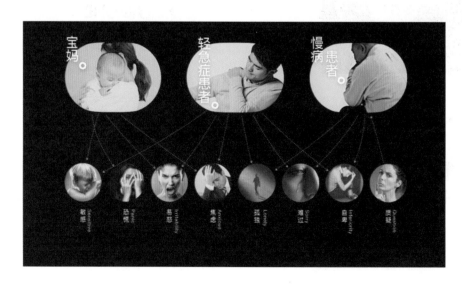

　　下面这些照片是国内线下就医的一个真实情况，很拥挤、等待时间很长。出现这种现象的原因很复杂。首先，中国是人情社会，一个人去看病感觉很孤单，所以通常会有陪同人员，就导致医院里面可能有一半人都是没有病症的。另外，很多去三甲医院看病的患者可能只是一些常见病。这些在家门口的社区医院就可以得到解决，但是由于焦虑和不放心，所以他们希望去一个更值得信赖的医院，大量的人就会聚集到三甲医院。实际上，中国三甲医院的资源并没有那么丰富。

　　服务的特点有四个：无形性、不可分割性、异质性、易逝性。

　　医疗服务的特点有五个。第一个是信息不对称，医生所了解的医学知识一定比患者所了解的要多。第二个是过程不可逆，医院治疗的方案一旦确定，执行下去的过程是不可逆的。第三个是治疗的不确定，没有任何一家医院、一个医生能够确保治疗是一定成功的。第四个是信任与权威导向，大家更愿意信赖大医院与名医。第五个是谨慎保守，我们所有的医疗健康行业对于治疗方案的制定都是相对保守谨慎的，因为这关乎人的性命。

　　其实患者的渴望就有三点：值得信赖的医生、先进的技术、宾至如归的服务。在这三个服务里面来讲，国内值得信赖的医生是最为重要的，先进的技术是其次，宾至如归的服务可能很难做到，因为大多数医院日常需要接待的患者量比较大。

服务的特点	医疗服务的特点	患者渴望获得
无形性	信息不对称	值得信赖的医生
不可分割性	过程不可逆	先进的技术
异质性	治疗的不确定	宾至如归的服务
易逝性	信任与权威导向	
	谨慎保守	

患者的痛点是排队时间长、看病贵、看病难。患者去排队看病的时间基本上是在一个半小时到两个小时。有超过50%的患者认为看病是贵的，另外有接近46%的优质医疗资源集中在东部地区。所以像西藏、新疆等西部地区的医疗资源并没有像东部地区这么发达。

除了患者的痛点，医院也有很多的痛点。例如，医院超过50%的问诊都是常规的复诊及慢病诊疗，而很多专家按照资源分配来讲应该去解决更复杂的疾病问题。医院问诊量也是不平衡的，接近8%的三甲医院承担了40%的问诊量。另外，信息化水平相对较低，60%的医院电子病历目前处于初级阶段。

其实，医疗健康行业上也有痛点，我们有超过80亿次的问诊数据缺乏应用，因为都是停留在纸质的阶段。数据在医院内是相对封闭的，我们仅有3%的医院实现了一定程度的数据互通。今天你去A医院做的检查，去B医院大概率还要重新做一遍。这个大家生活中多少都有些体会。

在阿里健康设计部做设计的时候，我们有一个思路是从服务类型推导到服务关系、服务能力、产品功能，最后到设计态度。

服务类型是最底层，实际上是表现不出来的。最上层的设计态度是设计方向的一个指南，能够让设计师和普通用户看到与感知到。服务关系指的是维系服务背后的情感，服务能力指的是处理服务关系的解决方案。产品功能是在服务能力之上的，对应服务问题的产品解法。

那么放到健康行业里面我们是倒过来看的。从服务类型来说，我们把医疗服务分为了诊前、诊中、诊后。那么我们在诊前提供的是内容信息服务，在诊中提供的是医疗服务，在诊后提供的是用药服务。在我们生病的时候先要去网上查一查、看一看，这是一个诊前阶段。诊中的医疗服务不一定是线下的，例如在线问诊也是一个诊中的状态。诊后通常是围绕用药与解决方案。在每一个服务当中，实际上是有很多个服务关系的。例如内容信息服务中，更多的是内容与患者、数据与患者的关系。但在医疗服务当中，讲究的是医患关系、医药关系、患者与患者的关系，以及医生与医生的关系。在用药服务当中是药与患者的关系，以及医患关系。所以这些关系在每个服务当中首先要确立起来。

阿里健康用户体验设计的框架体系 Framework of Alibaba Health User experience design

那么在每个关系当中有哪些服务能力呢？例如，内容与患者之间可以建造出一个用户自诊服务，相当于说肚子疼，通过自我诊断看可能是什么样的原因引起肚子疼。数据与患者的服务能力相当于在线上通过数据能力进行预约挂号或查询报告。以此类推，问诊是医生和患者之间最直接的一种服务能力。那医生和药之间是通过处方去提供服务。患者与患者之间有一个社区，大家在一起交流，这也是很多线上产品的高频行为。医生与医生之间有学术专业上的交流，有获得成长的价值。那么在用药的部分，医、药和患者之间是一种导购的关系。让药来介绍自己的功效，以及是否与患者的需要是对应的。医患关系是药师或者医生对于患者用药进行指导的服务能力。

那么在服务能力的下面，是要做一个什么样的产品。例如搜索、挂号、预约、查报告，还有音、视频、图文的问诊。到这个层次才会出现产品的功能，在上边都是对服务的一个分解。

设计态度并不是跟着产品走，而是跟着整个服务走。诊前阶段我们需要提供的服务包括提供的体验是准确易懂的。诊中环节设计态度要给予的是平等和普惠。诊后阶段提供的设计态度是安全和便利。

在阿里健康设计部里面有一个设计方法是非常好用的，就是通过设计命题的方法去推动改善用户体验。其实很多的公司设计团队在组织架构中更多依附于产品、依附于技术或者依附于业务，这就很难有独立的话语权去真正推动用户体验的变化。

我来介绍一下这个方法的大概过程。第一点，通过用户体验设计可改善的业务问题，确定今天要解决的业务目标到底是什么。不要把这个业务目标直接当成设计命题，而是要围绕这个业务目标去制定一个新的设计命题。这个命题是能够解决和实现这个目标的。在这个命题之下有诸多的解决方案，它可能是改造一个产品，也可能是改造多个产品，我们把它称为设计解决方案矩阵。然后我们带着设计解决方案矩阵一同去和业务及产品人员做决策。现实过程中，会对最终的迭代版本进行一个确认，可能设计解决方案3和设计解决方案4在实际实施过程中还不能做到，那就放一下，把其他设计解决方案作为整个用户迭代的第一个版本开发上线。然后经过后续效果回收和复盘，去制定第二轮的设计命题或者延续上一次的设计命题，去优化我们的设计方案上限。

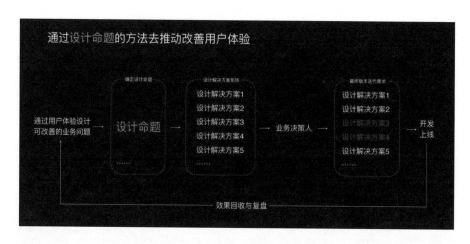

举个例子，在整个医患服务中有图文问诊、音/视频问诊这样的服务。那么我们今天的业务目标是在线问诊服务中患者的退款率和投诉量都能够降低。其实这是一些非常普遍的业务问题，那么我们按照刚才的设计思路先进行数据洞察与用户声音分析，去明确为什么退款率和投诉量会很高。最后发现是因为医生认为患者通过手机描述病情不清楚，这也很难帮助医生去做精准的判断。同时医生还会有自己的工作，平时回复也很慢。患者就会抱怨觉得自己已经描述得很清楚，并且医生不主动或者诊断过于简单。最终导致医患矛盾，然后患者进行投诉和退款。那我们就会围绕这个问题去做设计命题：在问诊过程中，如何让患者精确地向医生描述自己的病情？问诊过程中，如何降低患者因等待医生带来的焦虑？而医生方面则是在服务的过程中，如何更主动更贴心？

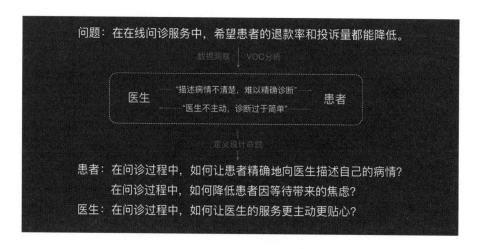

举个例子，隔着屏幕如何更加精准地描述自己的病情？我们将所有医生在线下看病问过的问题进行结构化，例如患者问诊的目的、当前的症状程度、持续的时间、生活规律、既往病史、伴随的症状与治疗的经过，最后是服药的过程。所有这些问题我们都会进行系统化的分析。

下图是我们在线上做的问诊过程对话框体验，尽量减少用户输入，更多让用户通过选择的方式去描述自己的病情。即便是需要用户去输入的时候，我们也给出一些快速选择的方式，去减少用户的个人发挥，尽可能让信息是结构性的。

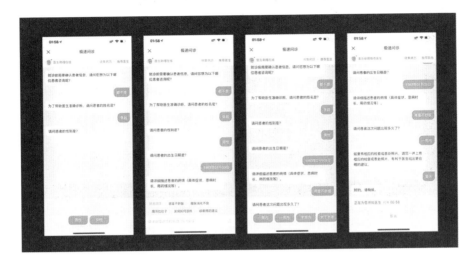

同时在可视化部分，为了让用户精确描述病情，我们也提供了一个非常直观的交互表达方式，例如疼痛的位置、疼痛的程度、疼痛的频次、是否有并发症和症状在什么情况下得到缓解等。

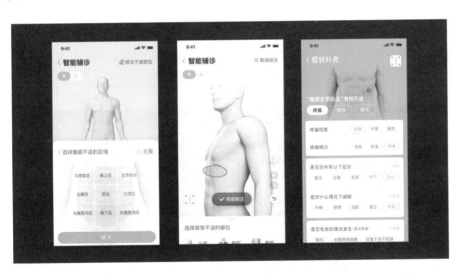

大多数老年人不擅长打字，那就可以通过语音的方式去帮助他们描述自己的病情，包括语音生成文字的方式。再举一个医药关系在导购过程中的例子。有一个问题是，在线买药的过程中用户可能不会读写药品名。那我们就提供一些非常简单的方式，例如可以通过手机扫描线下处方直接去获得线上购买药品的链接。同时，线下购药还有一个场景是在用药指导的过程中告知用户某些药能不能一起吃，相互作用会怎么样。那我们线上相应的功能是把两个药品放在一起拍照，用户就能知道搭配使用的禁忌是怎么样的。

再来分享一个内容信息服务中关于数据与患者服务关系的产品。新冠肺炎疫情期间，大家春节回家过年可能需要穿梭于两个城市之间，可能需要做核酸检测或者隔离。那么什么时候出发合适？该去哪里去做核酸检测？对于这些问题，我们也做了一个相应的方案，用户告知出发与到达的地点和时间就可以一键预约核酸检测。

再来讲一下在医疗健康行业中关于品牌创意设计的部分，也就是设计态度通过视觉传达出来的设计策略到底是什么。首先，设计态度是准确和易懂、平等和普惠、安全和便利。那么从品牌设计定位来看，就是以简单可信消减恐惧、以有效专业减弱病痛、以贴心温暖守护健康。那么对应的品牌设计策略就是用疗愈的视觉语言表达，以及家庭生活场景的IP趣味化。通过这些策略把用户带入进来，然后贴近他们。

我们在整个品牌创意设计中，首先去制定家族角色，可能影射的是你身边的人或者你自己，然后故事由此展开，有爸爸、妈妈、男青年、女青年、爷爷、奶奶，这些都是非常具象化的。他们不是真实的角色，但我们希望他们来源于真实场景，去追求真实性而不是典型性。接着我们会把整个家族做一个规范，在实际的线上服务与营销过程中就可以应用。家族形象的应用，能帮助用户更好地理解服务是针对什么样的人群。

下图是我们在阿里巴巴西溪园区为员工做的上门核酸检测服务。这个小鹿是我们的IP形象，具有非常强的辨识性和亲和感，把原本一个非常恐怖的医疗服务变得亲和。很多医院的墙壁上贴着许多医疗知识，例如肿瘤是如何一步一步恶化的。尽管医疗知识是正确的，但那些图片看起来很可怕，给人的情感触动是非常恐怖的，并且也制造了很多焦虑。这个例子也解释了我们所讲的"形式更多的不是追随于功能而是追随于情感"的设计态度。

患者常常会带着焦虑、痛苦、不安甚至恐惧而来，设计不应以制造欲望、控制行为为目的，而是应该思考如何帮助患者降低焦虑、增强信心，让设计产生更强的信任。

李超

阿里健康集团设计部负责人。2005—2010年从事广告与传媒设计，新媒体设计，数字艺术、互联网与移动互联网设计。2010—2017年就职于阿里巴巴淘宝UED，2017年担任高级体验设计专家。2017—2020年负责亚博科技UED团队和市场部。

07 基于生态思维构建鸿蒙系统万物互联体验设计

◎ 宋平

HarmonyOS在构建之初是面向IoT时代万物互联的操作系统，自HarmonyOS 2.0发布以来已经有将近1.5亿台设备升级到鸿蒙系统。如此庞大的一个设备的数量，要如何构建更好的万物互联的体验设计，我将从互联和万物两个维度进行解读。

1. 互联

首先，互联主要是指在我们的生态当中有大量的用户、设备和服务，如何让这三者之间更好地互联，是我们要解决的问题。

首先看一下用户和设备。根据一组2021年Q1的移动互联网的数据，现在整个行业当中所有的IoT设备都需要用户安装一个App进行连接和控制，目前这些App上的用户活跃度已经非常高，月活跃用户量达到1.2亿，同比增长43.9%，渗透率也达到20%。这个情况说明用户普遍接受了下载App的现状，但是这能否给用户带来好的体验，其实是存在疑问的。问题的痛点在于一定需要用户下载一个App，操作步骤相对较多，而且基于界面交互，操作也不是很自然。

所以在鸿蒙的交互体验上，我们提出以极简交互作为解决方案。极简交互，主要是为了满足我们更加自然的交互体验。在IoT设备上，我们有红外/触控、蓝牙/Wi-Fi、NFC、UWB技术相关的感知体验。这些新的体验，会给我们相应的能力提出一些诉求。在能力层面，IoT设备技术有不同的发展时期，NFC技术相对来说是比较成熟的，UWB技术处在一个恢复爬升期，但AI能力相对来说还是处于比较低的水平，还没完全能够满足体验的诉求。在这样的情况下，我们提出一套设计框架，主要是针对技术能力比较成熟的发展阶段做出标准化和普适性的设计；针对技术能力并不是很成熟的阶段，做出概念化和探索性的设计。所以我们提出了"碰、靠、扫"这一套新的近场交互模型，同时也是给鸿蒙提出的极简交互的解决方案。

"碰、靠、扫"主要是指在设备距离上做了一个划分，我们让两个设备自然地去接近，并进行"碰、靠"以及通过扫描的动作让设备可以快速地构建物理世界的超级终端并连接起来。同时，我们在设备提供相应的标签，提示用户作为一个交互的入口快速触发相应的设备连接，目前这个入口在整个生态设备上也都做到了普及。对于IoT这种无屏设备，我们可以快速通过手机碰触或靠近以及扫描建立连接，这种连接方式也得到了行业的认可，行业和设备都在同步推广。

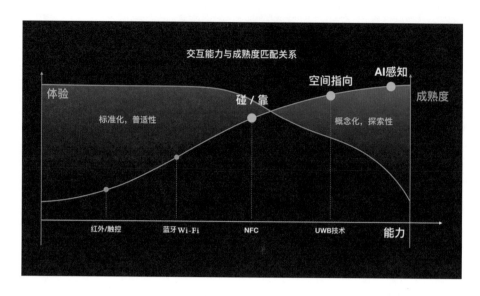

接下来是关于服务和用户。用户和服务之间现在比较明显的发展趋势就是小程序，小程序的数量发展非常快，数据显示，截至2020年小程序数量已经达到六百万。各个平台推出的小程序其实也是给我们带来了一个趋势的洞察——基于平台或超级App的原子化服务打通线上和线下用户。这样的方式需要我们去重点参考，所以我们提出一个万能卡片的解决方案。

万能卡片就是将原子化的服务或者应用的重要信息以卡片的形式展示，用户可以通过快速、轻量的交互形式来实现服务直达，减少层级的跳转。万能卡片能够在用户不同的使用场景和不同的设备上快速地去获取服务，所以我们通过提供多种形态的卡片来适应用户的不同使用场景以及不同使用设备。以上提到的适配主要通过抽象化的原子布局能力实现，包含缩放、隐藏、拉伸、占比、均分、延伸、折行等。相关的原子化布局能力可以让卡片在不同的设备上适应不同的屏幕比例，使其拥有更好的视觉效果。简单总结一下，其实万能卡片这个体验框架主要是为了解决应用边界的问题，我们想打破应用的边界，为不同设备的互联和协同提供统一的界面语言。

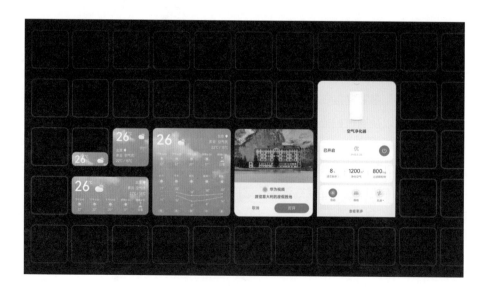

下面是关于设备和服务。根据一组具有洞察性的数据，可以得知到2025年，全球的IoT设备数量会增加到754亿台，人均的设备数量会从2台增加到9台多，这意味着用户会有更多的设备，而且每个设备上会部署更多的服务。因此我们针对这一机会点进行了思考：这些服务都是封闭在固定单一的设备上吗？我们是否可以做到更多？于是我们提出"跨设备流转"这样一套交互方式。

跨设备流转主要是指通过鸿蒙系统分布式的能力，将一个设备的边界打破，同样的一个应用和服务可以快速流转到其他设备上，实现1+1>2的超级终端体验。举一个简单的例子，假设在运动时我们的双手被占用，那就可以配合穿戴设备以及跑步机前面的平板设备或者家里的大屏，更极致地打造一个运动健康的场景，让用户可以沉浸在这个运动健康当中，并且提高对运动体验的关注度，这就是我们跨设备流转所能够实现的体验效果。

总结一下，跨设备流转主要通过界面交互、空间交互和智慧感知三种方式来给消费者提供不一样自然体验，打破设备的边界，让多设备无缝地连接，形成一个全场景、更智慧的生活体验。

2. 万物

以上介绍的极简交互、万能卡片与跨设备流转是HarmonyOS互联体验架构的三件套，能够把人、设备和服务更好地互联起来。接下来分享的是"万物"。万物是指人、设备和服务变得更多，生态要发展起来。针对此，我们提供了开发前、开发中和开发后的系列设计保障。开发前，主要是通过一个转化漏斗在门户上进行设计转化，保证开发者能够加入到鸿蒙生态。开发中有一些规范套件可以让开发者进行参考与学习。开发后，我们通过认证审核和测试工具来保证体验规范的遵从度。

第一个阶段是转化保障。在鸿蒙生态构建的初期，需要大量的开发者能够对鸿蒙产生兴趣，进而加入鸿蒙生态。所以我们在整个鸿蒙门户上，通过开发者思维对转化漏斗进行了搭建，介绍鸿蒙品牌、合作受益方式、成功案例和重点方向的引流及最后IDE的下载试用。目前转化的开发者已经达到120万，日均的访客量和转化率相对来说比较高。那么在鸿蒙构建初期，我们的设计达到了一定的效果。

第二个阶段是效率保障。效率保障主要包括控件模板和一站式开发平台。为了保证开发者效率，我们提供了4个响应式布局基本模板和12个支持不同设备的品类模板。针对不同的布局，提供了9个支持多设备的布局及30多个服务品类的场景模板，帮助开发者在IDE直接调用，实现低代码化的高效开发。同时，针对设备类的控件，我们通过对设备单品核心功能与操控区域进行合理布局与收纳，提供高效生产能力，为终端用户带来一致、极简的使用体验。一站式的开发平台主要是指针对开发者整个生命周期，在开发、测试、认证和运营阶段，我们提供了一套叫device partner的工具平台，开发者可以在这个工具平台进行全流程的设备开发。

第三个阶段是体验保障。我们提供了比较完善的开发者门户规范套件，包含规范系统设计工具和设计资源，可以让开发者进行参考和相应的资源下载。开发阶段，我们通过审核和走查保证开发者在不同阶段开发出来的体验符合规范。在设备认证的阶段，我们通过基础体验和增强体验及时地发现不符合体验规范的情况，然后及时进行沟通。在服务上架阶段，对基本要求进行规范引导，让开发者可以快速上架自己的服务。对于测试工具，我们也在开发前、中、后都提供了不同的工具套件：在开发前提供的是设计自检表，开发者对应自检表去走查相关设计是否满足规范；在开发中，DevEco中的一些静态检测可以快速发现字体、字号或者圆角、布局等特征体验规范的不符合处，开发者可以在DevEco上进行快速修改；在开发后上架阶段，开发者可以在平台上进行快速的OCR识别测试，发现问题可以快速修改，然后再次提交进行上架审核。

3. 总结

　　从生态思维出发，我们要打造一个和谐共生的数字世界，构建万物互联的鸿蒙体验。从 To C的角度，打造体验的创新；从To B的角度，做到和谐共创；从To D的角度，提高效率。让服务设备进行互通融合，打造消费一致、无缝协同的全场景智慧生活体验，构建低代码的一站式开发者体验。

 宋平

　　现任华为CBG鸿蒙系统及生态体验设计团队负责人，主导系统体验及能力创新设计及体验规范，从0到1定义鸿蒙系统的体验，打造软件与硬件互通的超级终端设计体验及设备/服务生态构建。毕业于同济大学艺术设计专业，曾任职微软中国多年，从业10余年。聚焦用户体验架构、系统化设计方法及设计规范等相关产品/平台体验设计工作，相信"好的设计没有捷径可走，但有好的方法可循"。在做鸿蒙系统工作之前，聚焦人工智能产品体验设计标准与规范，引领消费者终端智能化全场景体验的设计方法，提升消费者体验助力商业成功，多次获得公司金牌团队及总裁团队奖，HamronyOS设备连接体验设计获iF奖，兼具商业和行业认可。

视觉镜头——从设计灵感中学习

© Mrinalini Sardar

　　我想向大家展示一个项目，这个项目是我与Adobe公司的高级首席科学家一起，用极大的爱、思考和关心建立起来的。此项目还拥有一项专利，同时它也是一个我思考了很久的问题的解决方案。

　　首先，我想简单谈谈我所研究的设计生态系统，以及我们如何为创意社区构建数字设计工具。我们通过设计工具来增强创造和交流的能力。Adobe Design有多个团队，专注于各个领域，如机器智能、研究和战略、数字媒体、品牌和体验等。

　　Adobe Design在印度的团队是多元化的，我们在创意云、文档云和体验云等不同产品上工作。创意云专注于数字创意，如Illustrator、Photoshop、Adobe XD、After Effects等。文档云专注于PDF。体验云专注于企业工具的数字营销，所以业务范围很广。我们花了很长时间观察设计趋势和灵感，思考如何真正从它们身上学习。

　　Adobe设计团队最美的地方在于它是一个紧密联系的家庭，有很多东西可以互相学习。我们每年在旧金山举行的Adobe设计峰会上进行交流和学习。由于新冠肺炎疫情的影响，我们正努力实现数字化峰会。

现在我想谈一谈Adobe Max大会，这也是一个在全球范围内展示我们向世界推出的所有数字产品的平台。你们可以在max.adobe.com上看到与活动相关的录像、全球的主题演讲，此外有很多可以学习的东西，例如很好的创新技术分享。

接下来一起看看Adobe Illustrator。这是一个领先的矢量图形产品，矢量意味着你可以在不丢失任何保真度的情况下将艺术品缩放到任何尺度。许多设计师和创意人员使用这个工具来创作美丽和令人惊叹的艺术品。但是，这个产品是在20世纪80年代发明的，那么该如何进行产品创新呢？如何为这样的产品建立持续创新的流程？

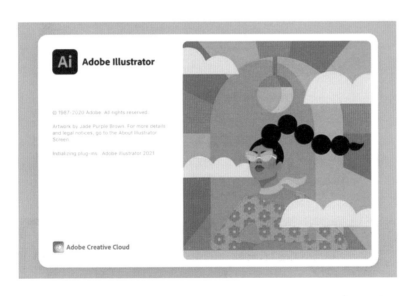

打造伟大数字产品的关键是在不断变化的背景和时代与用户和技术保持一致。机器智能可以改变我们创造工具的工作方式，并正在影响我们生活中的每一处角落。Adobe Illustrator中的"视觉镜头"，允许我们在机器智能的帮助下学习视觉灵感。

接下来我用一个例子来引入"视觉镜头"的概念。朱迪正在为大学的一项作业设计空间插图项目，但她需要一些灵感，所以她开始从Adobe Stock、Behance和Google等网站浏览大量视觉资料。她选择了一堆扁平的光栅图像作为作业灵感，她很想知道这些艺术品是如何创作的，但是学习如何创作和她需要的灵感无关且很耗费时间。

这时"视觉镜头"就能帮她更好地理解视觉效果。视觉镜头可以分析视觉场景中选定区域的属性，针对工具、效果、填充等给出建议。例如，朱迪可以学习像"自由梯度"这样的工具，并将其与视觉效果联系起来。工具、效果和填充的信息可以很容易地从光栅图像中识别出来，从而缩小了矢量图像和光栅图像之间的差距。在短短几分钟里，视觉镜头帮助朱迪学习了工具属性并完成了任务。

数字艺术家经常浏览大量的数字艺术作品，为他们的项目获得灵感，并学习如何提高自己的技能。这类艺术家经常面临的主要障碍是，找到一件令他们兴奋的艺术品后，不知道这件艺术品是如何创作的，以及不知道如何将其与自己的创作结合。

视觉镜头的主要目标就是帮助创意者从光栅图像和艺术品中学习，并将艺术品连接到用于创作的工具。这可以帮助创意者找到具体的学习内容，如视频教程等。视觉镜头还可以在被分析的图像中检测到相关工具的某些参数，帮助艺术家快速使用工具，在自己的创作中实现类似效果。

Mrinalini Sardar

领导Illustrator设计团队。Illustrator是Adobe旗下为创作人员提供矢量绘图和插图的工具，活跃用户为230多万。此前，Mrinalini 曾与Adobe Sensei智能团队、全球设计师团队合作，将机器智能和创造性协作集成到产品空间。她热衷于了解未来的数字设计工具和技术是如何让创意工作者发挥作用的，拥有8年以上创意工具引领和创造用户体验的经验。她喜欢分享经验和成果，并在多个国家和国际平台上聚焦展示数字设计工具。Mrinalini 与高级技术专家合作，拥有涉及印刷和机器智能领域的多项专利。她致力于领导团队及与全球团队合作，以打造有意义的、具有良好的用户体验的产品，并致力于培养创新文化和促进跨组织的成长。

09 MIUI TV的体验和内容服务设计

◎ 徐巧挺

你上次打开电视是什么时候？当计算机、手机越来越多地吸引我们的注意力，坐在沙发上打开电视切换频道仿佛已经成为久远的时代记忆。当传统电视对观众的吸引力日益减弱，智能电视却在持续不断进化。价格越来越低，屏幕越来越大，新特性越来越多，使用场景越来越丰富，智能电视已经成为行业的新方向。

在原来的产品定义中，电视就是用来看剧、看电影的工具，电视只是电视。而当下，电视不只是一个屏幕的载体，它背后的内容和服务逐步成为消费者关注的焦点。现在我们几乎找不到不"智能"的新电视，未来的智能电视将不仅是观看节目的产品，更会成为智能家居控制中心，电视不仅能够与远方的家人视频通话，更能监控显示家中冰箱、空调等其他产品的运行状态，甚至能够远程查看孩子、老人或宠物在家中的情况。在未来，观看节目或许只是智能电视的一个功能，显示各种家中情况，汇集各种移动端信息的输出才是电视智能化的发展方向。

小米电视从推出到现在，经过8年的快速发展，已经成长为中国互联网电视领域的领跑者，MIUI TV现在已经覆盖了超过5400万家庭。系统体验、内容体验、会员体验是MIUI TV的三大核心体验。当用户购买了一台电视后，硬件就已经成为一种"过去"，软件和系统才会在未来使用中持续进化。

1. MIUI TV 系统体验

MIUI TV 1.0随第1代小米电视发布，极简遥控器与MIUI TV的完美配合成为最大亮点。

MIUI TV 2.0的核心是内容优先、人工智能推荐、灵活多变的布局。当时市面上的智能电视系统几乎都是打开视频App观看内容，效率很低。MIUI TV 2.0考虑了这个问题。用户在使用电视的时候，大多数的情况都是观影，所以把内容以影视分类的方式呈现在桌面，用户获取内容的路径更短，很大程度上简化了用户的交互成本。

MIUI TV 3.0，则是为不同的人群提供了定制化的使用体验。随着观影习惯的持续变化，互联网电视用户的持续增加，电视系统面临更广泛的定制化诉求。带着对新变化的思考，我们再次改进设计，推出了全新的MIUI TV 3.0。

1）更沉浸的观影体验

我们为以观影为主的用户提供了更沉浸的体验。为了实现这一目标，我们调整了精选页的布局，将所有不对称的元素调整为居中对称。对称布局还带来另外一个好处，就是良好的拓展性。利用栅格布局的特性，把海报合二为一，只保留一个顶部海报，整个页面看起来更加简洁，用户只需要聚焦在这唯一的海报上。最后，我们将简洁做到极致，索性这唯一一张海报也不要，整个页面的背景就是海报！这就是MIUI TV 3.0的第一个新特性：充满沉浸感的无界桌面。

第二个高频页面是影片详情页。详情页是用户最后的观影决策页面，市场上主流的影视应用详情页都充满了跟影片不相关的信息，用户需要在几十种信息中找到跟影片相关的信息，真的不容易。我们删繁就简，让详情页只呈现最核心的信息，保留了相关性最强的3个内容推荐。从详情页到播放，通常都会有页面跳转。但只要有跳转，就会转移观众注意力。为了延续沉浸感，干脆让这个过程消失，从详情页就开始播放，精美的详情页几乎就是电影正片的一部分。

有了沉浸的观影体验做基础，用户能更好地观赏内容。随着用户对内容的诉求越来越多样化，我们也上线了一系列优质专业的垂类频道，例如儿童、动漫、教育、K歌、游戏、商城等，完全能满足全家人的需求。

2）Ripple动画系统，专为电视设计的自然动画效果

手机、计算机的动画设计体系已经很成熟，但电视比起手机、计算机，不论是交互方式、观看距离还是屏幕尺寸都不一样，于是我们做了一套符合大屏交互习惯的动画系统。电视的交互特点决定了页面上一定会有一个焦点，基于焦点，用遥控器去控制它的上下左右，整个过程其实就是获取焦点和移开焦点的过程。如何让这个过程更自然？我们从自然界的动画中获取灵感，好的动画应该是符合直觉，没有负担的。根据这个特性，我们设计了新的焦点动画。近看细节，还能找到不少让人眼前一亮的惊喜。我们还设计了丰富的动画效果，例如飘落的雪花、熊熊燃烧的火焰等。

电视屏幕因为尺寸很大，又经常在暗光环境使用，大屏动画在信息流中移动，长时间观看会很晃眼。为了降低这种不舒适感，我们把焦点移动的动画效果设置成类似涟漪的动画。想象一下：当你把一个石子丢入水中，马上会对平静的水面产生影响，涟漪会从中间散开，越来越大，越来越慢。我们就让焦点到焦点的移动模仿涟漪的效果。动画会马上发生，保证响应迅速；距离焦点越远，动画的时滞越长，最后逐渐完成，削弱页面大面积跳动带来的不舒适感。

我们最终把这一系列的自然运动的属性应用到了系统中，我们叫它 Ripple动画系统。

3）模式切换，为不同人群服务

针对不同诉求的人群，MIUI TV 3.0在普通模式之外提供了长辈模式、儿童模式、办公模式，专门为老人、儿童、职场人士定制体验。

老年人不习惯复杂的交互，需要更专注、简洁的系统桌面，所以我们设计了极简模式。长辈模式下没有频道概念，长辈们通过信息流观看内容。我们还保留了信号源，方便用户快速访问外接设备内容。

针对儿童和家长人群，我们也提供了儿童模式，优化了家长管理和控制。同时把儿童频道升级为儿童成长乐园，新增了多种全新的内容品类，为孩子提供更安全的内容，让家长更安心。

针对企业用户，我们设计了简洁、高效的办公模式。办公模式下，用户可以方便地使用信号源，实现视频通话、投屏、文件查看等功能。此外，应用商店还有丰富的办公效率应用，拓展更多的办公场景。

4）个性化展示——TV Wallpaper

我们提供了9种不同的主题壁纸，满足不同用户的个性化表达诉求，尽力让每个人都能找到让自己舒服的使用体验。

我们做出的核心产品优化高达278项，做到了"绽放内容，随心定制"。MIUI TV 3.0的办公模式、Ripple动画系统、智能家居控制均获得了iF大奖。

2. MIUI TV内容体验

用户打开电视就是为了看视频，内容体验是贯穿用户整个产品使用周期的核心体验。每天有5400多万家庭在使用小米电视，这些人分散在中国不同的城市，有单身、夫妻为主的上班白领，也有三口之家，甚至还有五口之家。根据调研得知，会主动在电视上搜寻内容的用户只占少数，大部分用户还是无目的用户，而每个无目的用户平均需要11分钟才能找到想要观看的内容，电视的内容推荐效率还有很大提升空间。

如何为用户带来更丰富的内容体验，让用户能更快速地发现内容？除了通过算法实现智能的内容推荐，我们还新增了7种推荐内容的产品体验，帮助用户更好地获取内容。

1）新闻头条

我们升级了新闻头条。有6%的用户每天会通过新闻头条获取资讯，新闻视频都是短视频内容，单条视频的时长很短，为了让用户更快速地获取信息，我们把原先的单标签结构改为多标签，同时把播放器放在左侧，这样的结构能更好地提升内容浏览效率。同时我们也更新了新闻头条的界面风格，深灰加红色为主的视觉设计，让新闻资讯类产品的调性更加严肃，品牌感更强。

不同标签的短视频内容差异非常大，为了区别这种内容上的差异感，我们为不用频道的背景提供了多样化设计。

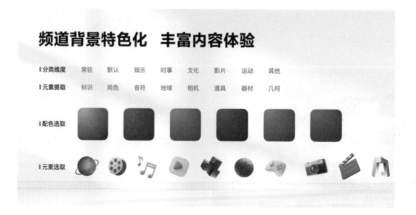

针对不同内容进行背景设计　频道背景特色化

我们还引入了很多优质的短视频内容，配合MIUI TV的个性化推荐，短视频浏览效率更高，上线后短视频用户的在线时长、留存率都得以提升。

2）播单

播单是用户每天高频浏览的推荐结构。原先的播单只提供影片和节目标题，不能为用户提供更多的观影决策，用户往往要等到影片开始播放了才发现不是自己想看的内容。各类内容的访问路径冗长、页面层级复杂，用户的操作成本高。

如何优化推荐信息呈现呢？我们的策略是把用户感兴趣的内容直接展示出来，提供获取内容的最短路径。通过用户访谈我们了解到用户在选择内容时最关注以下几个信息：评分、热度、海报视觉、朋友推荐以及正在观看人数。我们把这些信息点放在播单及后续的内容推荐中。优化的效果很明显，用户在播单之前反复切换搜寻内容的频次变低。

用户最关注信息

1. 评分

2. 热度

3. 海报视觉

4. 朋友推荐

5. 正在观看人数

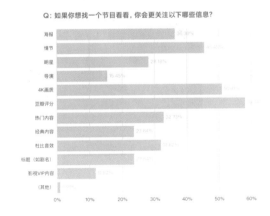

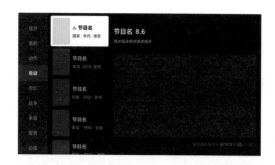

同时我们简化了大量的二级页，将原先的60多种二级页简化成7种，对播单、榜单、合集等的交互一致性做了梳理，用户路径从10步减至3步。通过这些优化手段，大大降低内容信息层级，缩短用户路径。点击很多推荐的海报后可以直接跳过详情页在播单中播放。

3）选片器

选片器是为用户提供的一种"短带长"的内容推荐手段，在精选和电影频道的腰部位置出现，通过短视频形式介绍影片，帮助用户更好地筛选想看的电影内容。新版的选片器提供了更沉浸的选片体验，卡片右侧的背景会自动抓取当前播放影片的海报和背景色，推荐内容在视觉上和背景融合得更好，免去了设计师反复做图的工作，提升了运营效率。

4）轮播台

由于互联网电视的界面交互方式和传统电视差异很大，考虑目前仍然有很多年纪大的用户在每天使用，我们做了轮播台。这种分级列表的结构接近传统机顶盒的界面，降低老人的体验门槛。

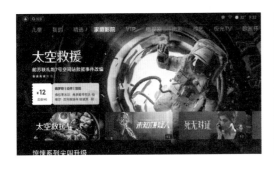

5）排行榜

排行榜和榜单是我们重要的头部内容推荐形式，新版排行版的数字设计得非常醒目，用户一眼就能注意到。同时我们也给榜单增加了多标签切换的能力，减少用户在不同榜单之间来回跳转，缩短了用户访问路径。

6）家庭影院

因为新冠肺炎疫情原因，很多用户无法去电影院看电影，需求被转移到了线上，对电视的内容消费产生了重要影响。我们上线了家庭影院（PVOD）来满足这部分的用户需求。设计上更加突出影片品质和权益，通过桌面背景来营造院线观影感受。用户在海报展示页面悬停，就会开始自动播放该影片。

同时我们在引导、收看、下单购买的链路中使用票券的形式来贯穿设计，通过突出点播服务权益感知（评分、杜比、会员折扣等），来引导用户完成下单。

7）儿童成长乐园

我们将儿童频道升级为儿童成长乐园，将动画为主的单一权益扩展到绘本、互动课、科

普等六大成长品类，将儿童服务对象扩展至2～10岁，儿童权益由6个扩展为11个，成为"娱乐+启蒙"一体化的平台。

设计从安心感、乐园感、价值感三个维度进行升级。

（1）安心感。新版视觉卡片圆角更大，造型更圆润，色彩更柔和，从而间接减轻孩子长时间观看电视的疲劳感，让家长更安心。

首页提供了背景变换的运营能力，配合天气和节日运营，用户能在不同时间访问时感受到温暖和趣味。

（2）乐园感。我们在启动动画、IP类内容上引入更丰富的动画和音效，整体体验更具趣味感。结合IP形象设置密码管理和退出，用户可以与IP形象互动。

（3）价值感。针对绘本等全新的内容品类，我们思考的是如何传达体系感，因为体系感的背后是价值感。我们做了背景卡片创新设计，这样能够聚焦有效信息，大大提升点击率，而且也能迁移复用至其他内容。

我们对卡片选中态的信息进行优化，将家长最关心的"这个内容到底能带来什么"，也就是培养目标显示在卡片上，上线后整体的点击率也有所提升。我们还做了很多卡片样式上的创新，通过内容体系感传达内容价值感。

3. MIUI TV 会员体验

经过行业几年的快速发展，电视用户的付费习惯也在变化。最新的数据表明，"80后"和"90后"成为大屏电视主流用户，付费意愿更强，20～55岁人群是电视付费用户主要的年龄段人群。小米电视会员体系包含了一方会员和三方会员，受限于合作内容的使用授权，我们无法在内容供给侧提供区别于竞品明显的差异化体验，因此自有场景的会员体验、会员权益感知是我们主要的设计着力点。针对不同阶段的用户，我们分别定制了不同的会员体验策略。

1）会员设计策略

　　影视会员从策略上更强调会员的尊贵感和权益感。设计策略旨在增强用户的会员感知，例如会员身份外显，权益价值感知设计。在整体的会员体验感知链路中，我们将会员体验拆分为"身份感知""特权认知""优越感"三个层面来推动，新版VIP频道的暗金风格让内容更加沉浸，内容海报角标从原先的VIP角标更换为杜比和4K极清等用户更关注的影音画质标签。

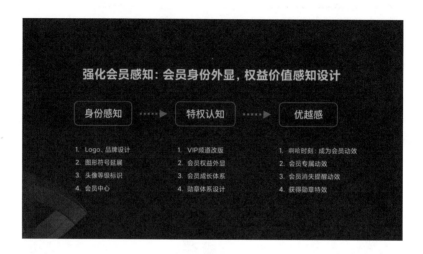

2）会员权益感知

　　通过影片起播的会员信息提醒，用户能很清晰地了解到成为会员后能享受到的权益信息。

3）会员价签页

　　我们优化了会员购买的价签页，针对之前价签页营销感重的问题，我们新制定了背景色的使用规范和广告展示区域。同时我们增加了影视和儿童会员标签切换的能力。用户领券后在会员包选择时，能看到价格被减去优惠券的动画，通过动画来增强用户对会员活动的优惠感知。

4）会员成长体系

我们同步上线了会员等级体系，等级体系能让用户感受到会员价值。等级的提升让用户
感受到会员权益被不断强化，高价值的用户有更丰富的会员权益和服务。根据用户付费的不
同阶段，我们将会员分为V1～V8 8个等级，用户可以在会员中心很直观地看到当前所处的等
级和对应可以享受的会员权益。

我们给每个对应等级绘制了等级勋章，通过V1~V8等级勋章在图形和材质上的逐级升级设计，让用户感受会员权益的不同阶梯。

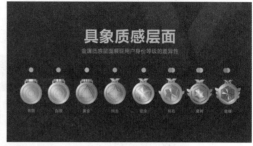

5）动效体验打造"啊哈时刻"

动效是影视会员体验的重要组成，我们在关键触点上做了很多动效设计，用户在成为会员、会员等级提升、会员过期时，经过VIP频道和会员中心的时候都能看到很醒目的动画信息，告知用户当前的会员身份转换。

4. 小结

2021年，是小米成立十一周年，小米电视出货量连续11个季度保持中国第一，并取得了世界前五的成绩。这只是MIUI TV体验升级的一小步，我们将持续为用户创造更多感动人心的内容消费体验，让每个人都能获得快乐与成长。

徐巧挺

　　小米电视互联网业务设计中心体验组负责人。具有12年互联网设计和跨领域设计经历，曾在小米商业化团队、百度MUX移动事业部、百度金融事业群、网易、4A公司等多家互联网设计团队工作。对设计如何更好地为商业模式及用户创造价值有一定的方法和理解。目前负责小米电视互联网业务、小米儿童业务、小米视频App、小米直播App等的产品体验设计。

⑩ 智能时代下的场景体验创新

◎ 杨润

联想公司在过去几年坚定不移地推行智能化转型，并且取得了非常明显的效果和规模。在智能时代，用户体验已经不是一个产品单一功能的体验，而是由品类、形态、计算和数据构成的一个庞大的端到端体验系统。

所以，为了保证产品体验的品质和一致性，我构建了设计和体验上的多专业协同，包括产品构建、用户研究、产品设计、软件设计和平面视觉，最终形成了在服务设计、体验设计和场景设计上的创新和落地的能力，助力联想在智能家居、智慧办公、智能娱乐及智慧教育等业务上的发展。

这些年来，我主导团队完成1000多个设计项目，500多件产品上市，获得近80个国际设计奖项。获奖项目包括多个设计专业和品类。值得一提的是，近年来，由于我们在跨界创新、产品创新和智能化转型上的努力和推进，得到了越来越多的认可，获得的奖项也越来越多。

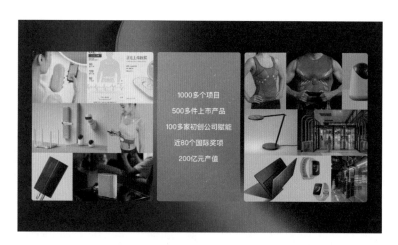

可能在现在很多人的印象中，联想就是个人计算机厂商。但其实不是，在过去的很长时间里，联想通过持续的转型，构建了智能时代下可持续增强的三大战略：

- 在智能物联网方面，除了个人计算机、平板、手机的智能化之外，还开发新型的围绕家庭和企业的智能设备，形成完整的消费和商用IoT解决方案。
- 在智能基础架构方面，联想针对不同的客户需求能够提供不同的数据中心产品组合。为传统企业的核心应用提供传统基础架构，为更需要敏捷、弹性的客户提供软件定义基础架构，为公有云客户提供超大规模数据中心。
- 前面两点就好像是基础的建筑材料，最终我们希望构筑行业智能。在行业智能方面，除了通过智能设备提供数据，基础架构提供算力外，还需要大数据工具、先进算法等。

我和团队目前主要聚焦在智能物联网和行业智能的创新和体验上。

在智能时代，随着计算力的加强、数据互通的便捷，传统的产品和服务、商业逻辑和制造方式，已经发生了本质的变化。因此，我们的思维、着力点和业务模式，都要跟着转变。

过去，因为产品的运算能力和数据传输带宽的限制，产品功能都是单一性的，用户发送指令，产品完成任务，构成一个简单的应用场景，形成围绕用户的单一闭环。但是现在完全不同，随着运算能力的增强以及数据传输的加速，以前的单向交互变成了人与设备的互联、设备间的互联、人与人通过设备互联，形成多个体验闭环的交叠。一个新的智能时代由此产生。

所以，在智能时代，我们在产品创新时不能以单一功能出发来思考，而是要以链路和场景关联的思维方式来做创新。

首先，结合新技术和场景化思维，进行跨界整合和设计创新，推导出新物种。结合功能和服务，又产生了新的应用场景，在这过程产生的大数据结合算法和算力，又拓展了应用模式，最终构成商业机会。当然，在这个过程中，设计很难覆盖所有链路，但是它是重要且基础的一环。

接下来我通过所做过的项目来说明上面这个过程是如何发生的，以及设计创新是如何在智能时代下发挥作用的。

首先介绍一下我带领团队所做的医疗领域的智能新物种。

相信大家都见过或者使用过12导联的心电仪。心电监护有多重要呢？70%的新发心脏风险可以通过监护及时干预治疗，防止危及生命。在中国，每年有20万的心脏手术患者在院外需要用到它。但是，目前的实时心电监测仪器有10根线，连接在一个带电池的类似手掌大小的盒子上，线上有电极贴在身上采集信号。在必要时候，病人需要随身戴着它24小时到72小时，睡觉、走路都不能断联。而且，一般情况下，当病人戴上它的时候，它其实刚刚从另外一个不知名的病人身上摘下来，没有任何的清洁。更甚，因为数量不多，病人还需要排队等待几天或者几周后才能用上它。这样的仪器其实在用户体验层面布满了痛点。那我们怎样改造这种体验呢？

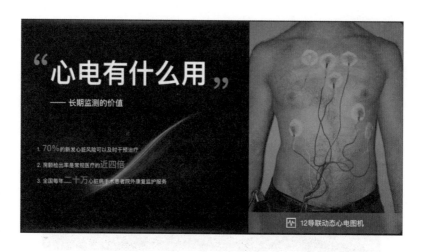

首先我们采用了织物电极这种材料和技术。导电材料通过机织、针织或刺绣方式，变得像布料一样可以弯曲延展，柔软贴合。我们深入了解了这个材料的特点后，提出了大胆的设想，就是把电极做成极细的纤维后编织成束，与面料编织在一起成为布，再通过特殊的剪裁，实现数据采集和数据传输。与此同时，把计算和传输仪器做成体积最小的带无线充电的小盒子，连接在衣服上。设计师把大数据采集和计算技术与传统的服装进行了跨界整合，解决了之前心电仪在穿戴上的种种痛点。

在用户运动、睡眠或者日常活动过程中，使用者跟心电相关的大数据会上传到云端，通过实时算法对比，智能地判断出用户的心电信息。医生通过云端平台，能够远程同步发现心电图上的问题并提醒用户，用户也能在手机上看到记录并随时向医生求助。而且用户在未来体检、购买保险和医院就诊时，相关的数据都会实时显示并提供参考。由此，我们打造出了世界上第一个12导联的实时监测心电衣。

这是一个由设计师提出的跨界整合的智能产品，获得了各方的认可，它同时获得了2018年红点奖中的医疗仪器类和运动服装类的奖项。在红点奖的历史上，同时获两个品类的奖项很罕见。这个产品和体验的产生也证明了，智能化时代，原有的产业边界和专业边界正在模糊。

随着数据的增加、算法的提升和应用的完整，我们在此基础上开发了专门给行动不便人群和特殊人群的使用3导联心电带，它可以随身穿戴又十分舒适，解决了充电、传输的问题。而且，经过药监局非常严苛的测试和评估，这个产品拿到了CFDA认证，可以在医院进行临床应用。同时，因其巧妙、便捷和舒适的设计，也获得了日本的G mark设计奖。

随后，我们从心电领域拓展到更广阔的慢病管理领域，从设计和创新方面提出了设备、软件服务、数据协同和平台支持的解决方案和概念，并且逐一落地应用。这里面就包括了对血糖、心电、汗液、呼吸等无感检测的创新设备，及后台的患者端和医生端的App及软件。

我们所做的这些，最终目的就是要通过数据实时采集，结合准确的算法和云端平台的服务，实现医疗产品智能化改造，进而实现无感检测、定制医疗、便捷的全症管理，最终可以让慢性病患减少身体、心理和精神负担，自信生活。

因为团队在智慧医疗领域的设计创新、对用户体验的拓展，以及形成的对社会和经济层面的影响，我们的慢病管理系统获得了iF的服务设计奖和IDEA的服务设计铜奖，其中孵化的产品获得了年度iF金奖。

刚刚讲的是智能垂直行业的案例，接下来讲一下消费电子领域的智能化场景应用的案例。智能产品发展有四个趋势，分别是带宽高速化、屏幕共享化、计算云端化和数据随身化。

我们第一个切入的智能场景是数据随身化。这个产品叫联想智能云存储，它能实现用户只要在有网络或者手机信号的地方，就可以上传、更新和下载手机里的、计算机里的文件、照片和视频，也可以通过电视、投影仪无线播放或者展示。我们为它设计了非常易用的App和软硬件结合的用户体验，通过五步设置就可以构建属于自己个人和家庭的数据中心。

联想智能云存储

我们不单设计了智能存储，还设计了智能娱乐、智能出行、智能安防等产品和场景应用。这些新形态的产品一直在快速拓展中。

除了联想内部孵化的新产品和新业务，我们也在跟业内很多具有创新技术方案的初创公司进行合作，共同设计产品和优化体验方案，打造了许多具有市场竞争力的智能化产品。

在智能化时代，产品不是单独的存在，而是通过软硬件体验和服务、通过与其他的产品互联构成更多的场景应用。这里面会催生出非常多的产品和服务的机会，值得我们期待和探索。

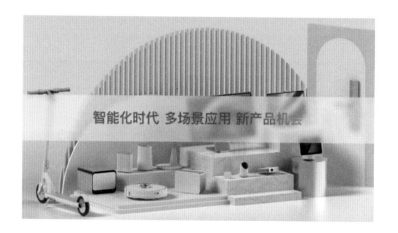

 杨润

现任联想集团首席设计师、设计和用户体验总监，长期致力打造产品从概念到落地，建立端到端体验和多专业协同创新流程。至今主导及带领团队设计500多个上市产品，产值两百亿元，获得包括红点至尊奖、iF金奖在内的40多项国际设计大奖。2021年获得中国工业设计协会评定的中国设计产业十佳设计师称号。个人获得专利授权100余项，2019年获得北京市科委颁发的首都杰出青年设计人才称号。

变局时代，共创智能世界新体验

◎ 赵业

随着新技术的发展，体验设计师面临着很多新机遇与新挑战。所以我想借此机会分享一下变局时代如何共创智能世界新体验。之所以提到变局时代，很重要的一个因素是当今我们人类社会正处于一场新的工业革命，以智能技术为代表的新技术正在改变着各行各业，我们相信随着智能化技术、网络技术、物联网等新技术的广泛应用，人类社会必将进入一个万物互联、万物感知、万物智能的新世界，我们的工作、生活方式将再次发生改变。而设计师作为技术与用户之间的桥梁，必将在这次新的技术浪潮中发挥重要作用。

我们先看几个案例。在2020年2月，我们国家在10天内完成了武汉火神山医院的建设，其中有3天时间，华为参与了医院通信网络的建设并实现业务开通，让5G信号覆盖了医院，支撑了医院高速上网、数据采集、远程会诊等活动。

快速的网络业务开通离不开高效的网络规划、网络管理系统。当前，网络管理系统已实现了智能化，基于大数据和人工智能技术，网络可以实现故障的自动修复；网络参数也可以实现自动优化来提升业务品质；基于物联网和数字孪生技术，网络工程师可以更直观地看到网络和业务逻辑之间的映射关系，更高效地开展网络管理工作。我们的设计师这两年就有幸参与了智能化网络研发和设计。

reddot winner 2020

华为数据中心自动驾驶网络管控系统

Network Communication

在医院场景中，医生的工作方式也正在被智能化技术所改变。一次CT诊断，医生往往需要花费大量的时间去查看几十张甚至上百张片子，诊断效率需要依赖个人经验。但现在基于图形识别技术，可以把诊断效率从十几分钟提升到秒级，大幅提升了诊断效率。我们的设计师这两年也有幸参与了智慧医疗解决方案的设计。

智能化技术所带来的改变还发生在很多行业，像智慧港口、智慧电力、智慧交通等。大家都知道港口是我们国家经济的晴雨表，港口的运作效率十分关键，港口的货物吊车要7×24小时不间断运作，往往需要三四个司机轮班倒，而且他们要在高空操作，非常辛苦。如今，基于新的网络技术和智能化技术可以实现由一个司机在办公室里操控三四台吊车，大幅提升了吊装效率。港口内的物流运输已实现了自动化，实现了无人码头。华为在2021年还发布了AI天筹求解器，支撑港口调度管理的智能化，大幅提升港口运转效率，缩短船舶的在港时间。这样的案例还有很多。

我们预测，随着工业领域越来越多的终端设备接入网络，到2025年全球的网络连接数量将达到1000亿。到2035年，随着更多智能体接入网络，网络连接数量将达到1万亿。我们的网络连接不仅仅是万物互联，还会演进到万物智联，最终实现万智互联。到那时我们必将实现无处不在的连接、无处不及的智能。

面对智能世界，我认为体验设计师将面临三大挑战。

第一个挑战是设计师需要定义更简单、自然的交互体验。就如同在机械时代，设计师需要让新兴的机械产品的交互简单有效；在信息时代，设计师需要让运行在屏幕中的应用系统使用起来更简单；在智能时代，新的智能产品、数字产品层出不穷，设计师需要让智能交互更加简单、自然。

可以想象一下，如果没有视窗界面的设计，大家都在使用命令行，计算机如何做到如此广泛的普及？直观简单的交互方式极大地促进了新技术的广泛应用。苹果、微软公司的设计师推动了视窗交互模式的发展，它们可以称得上是伟大的公司。可以说，在一次新的技术革命中，哪个公司，乃至哪个国家推动了新技术的快速普及，就将站在这次技术的浪潮之巅！

面对未来世界无处不在的智能、无处不在的连接，数据和信息随时畅通，会产生怎样的交互模式？设计师再次有机会通过定义新的交互模式来推动技术的进步。

我们都知道交互设计的本质是将开发者模型更好地匹配用户心理模型，从而带来直觉化的交互体验。我们认为，在智能世界数字体验将无处不在，而数字体验是后天人工定义的，对用户来说往往是陌生的，就如同多年前的命令行设计，需要花时间去学习适应，而用户最熟悉的是物理世界的感知，人对物理世界的反应和交互往往是出于直觉的。我们希望匹配用户最本能的心理模型，构建一个如同物理世界一样的符合用户直觉的智能化数字世界。

在三年前，我们的设计师设计了一个设备间传递数据的新交互模式——通过两个设备碰一碰来实现数据和各种能力的传递。这个创意就是源自真实世界人与人之间传递物品的心理模型。我们希望让虚拟的数字传递如同实际传递真实物品一样直观。

我们还想到了用数字世界去还原物理世界，在屏幕中映射物理关系，通过虚拟的碰一碰去实现设备间的互连。我们做了很多想法构思，逐步细化这些设计原型。

在设计的过程中，我们还想到物理世界中两个物体的碰撞会有声音，所以我们在数字世界的设计中同样增加了声音设计。这就是鸿蒙系统超级终端交互设计的创意来源之一。

当前越来越多的合作伙伴加入了鸿蒙生态，我们希望与合作伙伴一起共同创造一个万智互联的世界。鸿蒙的分布式体验不仅仅用于生活场景，也会用于各行业的工作场景。智能化的体验创新才刚刚开始，我们希望和各行各业的设计师一起共同探索各行各业的智能交互。

人智交互发展到极致，可能是不再有交互，产品行为实现自动化，用户和产品之间的交互关系也将从工具关系逐步转为协作关系。设计师设计的内容也将发生转变，作为设计师面临的第二个挑战是如何提升人智协作之间的信任体验。

我们可以看到，随着智能技术越来越成熟，用户对产品的操控越来越少，而对信任的要求将会越来越强。如何构建信任体验？我认为信任可以分层构建，如同我们熟悉的体验设计分层一样，最底层的还是基础功能体验，智能体要能保证在特定的场景下达成特定目标的成功率与可靠性。不同场景、不同目标，用户所能接纳的成功率是不同的。在满足成功率和可靠性的基础上，需要考虑交互和认知体验，要让用户对智能体的行为可理解、可预期、可控制。最上层还有智能体的情感化设计。

我们以智能驾驶为例来思考如何构建智能体的信任体验。智能驾驶的一个关键能力是感知能力，华为推出了基于摄像头、毫米波雷达、激光雷达的融合感知技术，目标就是让智能汽车不仅看到人能看到的信息，还能获取更丰富的信息，这样才能超越人的驾驶能力。其中，激光雷达是智能驾驶的关键技术之一，之前因为激光雷达的成本很高，动辄上万美元，技术很难普及。华为在2020年推出了96线车规级激光雷达，将成本降到百元，让融合感知技术在更多车厂普及。

其次，驾驶算法和车辆行为要做到让用户心中有数。车辆动态要能让用户随时可以理解、可以预期。和传统的人机交互不同，在智能交互场景下，智能系统要更主动地呈现信息、主动响应，让机器行为做到可预期。例如，要能准确表达各种驾驶状态，清晰地表达下一步动作，如转弯、变道等。像在变道的设计中，我们把变道的目标位置、变道路线、变道成功的确认都清晰呈现出来，让用户对车辆的下一步行为能随时了解。同时，车辆在路上行驶，经常会遇到各种意外和危险场景。智能汽车要有能力处理这些复杂场景，也要让用户感知到车辆的能力并产生信心。这些关键场景，如同我们体验设计中的关键触点，这就需要我们在必要的时候，尤其在用户感觉不放心的时候，展示出智能化能力，让用户明确地了解车辆有能力感知到周边的路况，有能力处理好这些复杂场景。

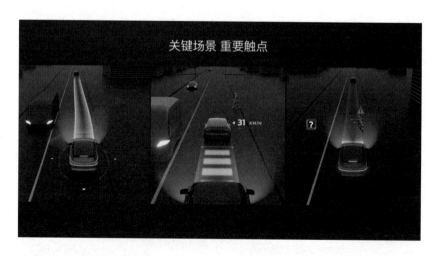

在实际道路驾驶中，各种驾驶场景很多，汽车给用户呈现的信息需要恰到好处，既不

能让用户感到紧张，也不能让用户不知所措。这就需要提前对用户的各种驾驶场景进行深入的分析，识别各类关键触点。包括对各类用户高频使用的场景、风险场景进行深入分析。同时，我们还需要做大量的人因研究，信息的呈现方式、告警的呈现时机，如何减少用户的认知负荷，都需要开展大量的基础研究，这些基础的人因研究离不开众多的高校和研究机构，我们希望和行业合作伙伴继续共同努力，打造出更多让消费者信任的智能产品。

智能化技术改变的不仅仅是人与车之间的交互模式，也将改变出行方式。未来人们的出行方式和在车内的行为方式一定会发生改变，车有可能变成一个娱乐空间或者一个办公空间。未来被智能技术改变的还有我们的居住空间、办公空间。设计师将不仅仅设计产品，而是定义全新的用户行为。

2021年，华为发布了全屋智能解决方案，畅想未来的家将会有一个大脑，主动为用户服务，带来更舒适、更愉悦的家庭体验。我们设计的不仅仅是一系列智能产品，而是一种高品质的生活体验，一种新的生活行为模式。

设计要定义行为，设计师就需要超越产品本身的设计，把设计从产品的研发环节前移到产品定义的前端，从源头构想用户的行为方式，用设计构想来驱动产品的未来。

受到新冠肺炎疫情的影响，远程办公已经成为大家习惯的办公方式。这两年华为的一款产品卖得很好，是一个远程协作的大屏。它不仅是一个新的智能终端产品，也在改变远程协作的行为。这款产品的快速上市，离不开多年来的技术储备，其实早在7年前，我们的设计团队就在畅想下一代的企业协作方式。

在概念设计中，我们定义了以人为中心的沟通方式，增强面对面沟通的体验。我们定义了多屏互动的方式，让数据更方便地在多端进行分享。我们还定义了远程协作的模式，让创意协作更直观。现在来看这些概念方案，很多都感觉变得非常普通。但当时看这些设计，很多人感觉距离落地还很遥远。我们认为，作为设计师就需要坚持用设计洞察未来，要有能力准确地运用设计构想来推动技术和产品的演进。这也是设计师面临的第三个挑战。

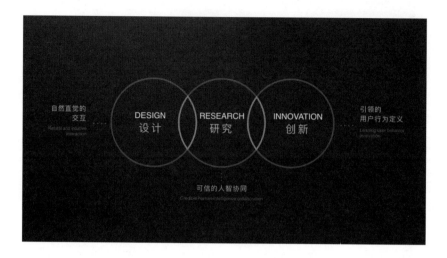

　　我们往往低估了时间所带来的改变，现在正是探讨智能化的设计能力建设的关键时机。作为设计师，我们要始终站在技术浪潮之巅，以用户为中心，构建面向智能化与数字化的设计、研究与创新。

　　变局时代，未来已来，让我们共建智能世界新体验！

 赵业

　　华为UCD中心负责人，2005年加入华为并作为最早期的成员创建了华为UCD设计能力体系，设计经验覆盖运营商、企业、消费者多个领域，规划并创建设计能力和工具平台，建立华为海外体验设计工作室，有着长期的用户研究、设计、工程方法及体验策略管理的综合经验。

12 高端理财增长之道——
打造服务型金融产品体验

◎ 彭英

以个人金融资产计算，中国已成为全球第二大财富管理市场。从监管角度看，国家鼓励"财富的积累与社会发展同步、财富的构成与国家发展阶段相符"。面对居民财富管理需求持续高涨，中国财富管理行业正迈向全新发展阶段。而富裕及高净值的核心用户是财富管理机构运营的关键战场。本文将讲述中金财富如何从"交易型"的产品销售模式向"服务型"的买方投顾模式进行转型，串联"线上+线下"的体验路径，打造"服务型"高端金融产品体验模型。最终让用户在全链路的服务旅程中都能获得卓越的投资体验，建立品牌忠诚度，助力业务增长。

1. 高端理财产品的用户痛点

互联网理财的发展，降低了全民理财的门槛，面对复杂的用户需求，一站式的理财平台已不能满足所有用户。为了更好地服务细分客群，针对富裕及高净值的核心用户，银行、券商、第三方理财平台纷纷推出了高端理财业务。中金财富专区[①] 也为富裕及高净值用户提供了全频谱的理财好产品、1对1的专属投顾服务、"线上+线下"的极致体验。

与普惠金融产品相比较，中金财富专区作为高端理财平台，产品类型、起购门槛、监管要求都会有差异。在业务上线后通过数据分析和用户研究发现，新用户自己决策并主动购买高端理财产品的阻力比较大，主要有以下3个原因。

---

① 中金财富专区产品销售及财富顾问服务由中金财富提供，信息技术服务由金腾科技信息(深圳)有限公司向中金财富提供。

用户自主购买高端产品阻力大

01 起购门槛高
5万~1000万元起购

× **02 收益风险顾虑**
担忧资金安全/不懂产品

× **03 操作流程烦琐**
监管及合规要求的流程

1）起购门槛高

普惠金融理财销售的产品主要以公募基金为主，产品起购门槛较低，很多1元起购，用户愿意随意尝试，购买的心理门槛较低。但中金财富专区的资产以私募基金为主，要求投资者具有较高的风险识别能力以及风险承担能力，产品起购门槛较高，最低5万元，最高1000万元起。这样大笔的资金，新用户会慎重考虑平台的安全性、资金的灵活性等众多因素后再决策是否尝试购买。

2）收益风险顾虑

起购金额变大后，用户在理财平台投入的资产变多，会顾虑以下三点：

第一点：资金安全担忧。理财用户最关心的就是资金的安全性，所以在选择理财平台上倾向大平台，优先考虑知名银行、互联网理财平台、券商等。当新用户第一次来到中金财富专区，会因为对中金财富品牌不够了解而担心资金安全。

第二点：收益风险担忧。习惯购买固定收益产品的用户，对理财的预期是"买理财比存银行活期收益高，而且也不会亏"。资管新规打破理财产品"刚性兑付"后，固定收益产品的收益率持续走低，并且也会产生收益波动。用户想要获得高收益，就需要选择一些收益高但风险也相对较高的资产进行配置组合，可是很多用户担忧收益风险，不敢随意购买产品。

第三点：选产品难。大部分用户的金融知识比较匮乏，购买产品的决策因素主要是熟人推荐、平台推荐、大V推荐，或复购以往持仓过的同类产品等。而能通过自己的理财经验，在琳琅满目的产品货架里，选择一款值得投入大笔资金的产品自主购买，对用户来说很困难。加上用户很少愿意投入时间去研究和学习理财知识，使得选品难上加难。

3）操作流程烦琐

购买理财产品的另一个驱动因素是行为成本，任务越简单，成本越低，购买率越高。用户购买一款公募基金，只须点击"买入"按钮后完成支付就能购买成功。但买入私募产品流程比较烦琐，在点击"买入"后，用户还需要开户，完成合格投资者认证，开通银证转账等功能，并需要在交易日的交易时间内完成支付。这每一个环节的任务，用户都可能会被烦琐的流程拦住，影响购买转化率。

2. 打造"服务型"高端金融产品体验，助力业务增长

目前常见的是交易型理财平台，就是以货架样式陈列理财产品，通过流量的分发，提高产品曝光率，用户被平台理财产品或活动吸引后，自主完成产品购买，达成销售目标。

但面对用户自主购买高端理财产品阻力比较大的痛点，我们需要改变产品销售的服务模式，转变为以用户需求为导向、以投顾服务和客户体验为抓手的"买方投顾"服务型理财平台。简单地说，就是不以销售资产的提成和分润比例来决定卖什么资产给用户，而是站在用户利益的角度，围绕用户投资目标、风险承受能力、投资需求，为用户提供定制化的财富解决方案，并与用户建立长期信任关系，用贴心的服务陪伴用户成长，打造"服务型"高端金融产品体验模型。

1）好产品

用户理财的目标是投资赚钱，平台需要用好产品吸引用户，提升用户跨越阻力的动力。但很多用户对于好产品有两个误区：

误区一：收益率高、风险低的就是好产品。

但在打破刚性兑付后很难有既稳健又收益高的理财产品。我们需要引导用户形成正确的投资理念，并且根据用户需求和投资目标，为其在市场匹配满足收益预期、风险偏好、投资期限等多重诉求的产品，这才是好产品。

误区二：若持有某类产品赚过钱就一直购买同类产品，认为这类产品才是好产品。

但这样带来的问题是这些产品形成的组合看上去基金数量很多，但是种类非常单一，组合风险过度集中，或者收益过低。我们需要引导用户从单一品类产品购买，转为多元的资产配置。研究证明合理的资产配置组合可以起到降低风险、提高收益的作用。

同时平台的产品需要足够丰富，才能满足不同资产水平、不同投资偏好的用户需求。依托中金财富强大的产品研究、筛选及引入能力，我们要为用户构建一个高质量、全谱系的"一站式"产品平台。

2）投顾服务

在高端理财业务上，投顾是连接用户和产品非常关健的信息桥梁，能帮助用户消除投资时的收益风险顾虑。"投顾"两个字要拆开看，"投"解决买什么的问题，"顾"解决拿得住的问题。这就要求投顾站在用户利益的角度，围绕"以客户为中心"的原则，针对投前、

投中、投后提供全链路的贴心、专业服务。

投前需要花时间倾听客户的想法，精准了解用户画像，帮用户厘清投资目标、风险偏好、可投金额、投资期限等投资决策因素。并根据用户的需求和市场情况，为用户量身定制资产配置方案，推荐适合的拳头产品，解决用户"投"的各种问题。

投中需要成为用户的客服助手，帮助用户解决投资过程中遇到的问题，让烦琐的流程都能在人性化的关怀下变得简单清晰。例如引导用户完成开户、银证转账开通、合格投资者认证等。

投后需要陪伴和帮助用户，并产生共情。在用户投资亏损产生焦虑时鼓励和安抚用户，并提供下一步的投资建议。在用户获得好的收益时一同庆祝并提供止盈建议，加强赚钱的峰值体验。通过"顾"的服务建立投顾与用户的信任关系，并引导用户建立正确的投资理念，提升资产持有时长，改善盈利体验。

3）极致体验

很多高端的私募理财产品因为监管和合规要求，在业务流程上会比较复杂，在信息展示上也会因为过于专业而让用户觉得比较难懂。做到极致体验要关注三点：

第一点：营造安全感。用户选择平台理财需要有足够的信任和利益驱动，因此需要在关键路径强化中金财富品牌背书，营造安全感。

第二点：操作简单快捷。基于合规的要求，很多业务流程比较长，例如开户流程、合规投资者认证等。设计师需要关注转化数据，洞察用户痛点，聚焦解决体验低谷问题。与合规一同探讨，用巧妙的设计方案简化流程，减少用户操作时的阻碍，提高任务完成的转化率。

第三点：信息通俗易懂。金融产品比较专业且复杂，例如一些专属名词对用户来说比较晦涩难懂，用户学习成本比较高。设计时需要在合规的前提下对文案进行再设计，让文案通俗易懂。例如"T+5日募集结束"用户不知道是哪一天，可以通过计算时间，将描述改为"2月14日募集结束"。

3. 案例分析：用户复购阶段的资产到期干预

为了让大家了解打造"服务型"高端金融产品体验怎么做，下面以引导用户复购资产为例，分享设计过程。

将用户理财转化的生命周期分为四个阶段：

阶段一：知晓（听说就来）。被营销活动或朋友宣传等吸引，开始接触并尝试了解；

阶段二：首购（进来就买）。针对新用户通过高收益的拳头产品，驱动用户完成首次交易；

阶段三：复购（买了再买）。用户购买后对平台产生信任，转移更多站外资金继续购买；

阶段四：推荐（喊人来买）。忠诚用户成为种子用户，裂变和邀请更多新用户来买。

每个阶段的设计需求都能通过 "设计五部曲"来发现和解决问题，围绕构建"服务型"高端金融产品体验，制定设计策略并实施。

1）洞察（发现问题）

洞察是发现问题，可以从行业发展、商业目标、产品目标、数据分析等维度进行需求真伪的识别，找到要解决的真正问题。

（1）了解项目背景。

为了挽留资产到期的用户，提升资金到期后的复购率，平台做了个运营活动，针对资金即将到期的用户，推送一条公众号消息，点击进入可查看本周热销的资产。项目上线后数据不够理想，产品希望可以优化设计提高复购率。

注：产品页面仅供展示示例之目的，不代表相关产品的真实页面情况，不构成投资建议

（2）洞察体验问题。

在了解产品目标和项目数据后，快速分析当前的问题：

第一：推广触点覆盖不够全。运营入口是公众号，但并非所有用户都关注了公众号，触点覆盖不够全。

第二：利益点吸引力不够强。用户在资产到期前，收到"到期资产如何理财"运营提醒，但部分用户不关心资产到期，不会点击活动。

第三：上下文承接不一致。点击"到期资产如何理财"运营提醒，预期是看哪些资产到期、什么时候到期、大概到期多少钱，但是详情却看到本周热销、精选推荐的排行榜，会让用户觉得平台在卖货而退出。

第四：货架选资产难。排行榜是将平台热销的资产进行排序并推荐给用户，作为用户选择资产的参考，但用户选择资产与他人买什么、平台热卖什么关系不大，用户更希望获得的是和自己的投资目标、可投金额、风险偏好、收益区间、理财期限匹配的资产。

2）分析（定位问题）

分析是通过商业分析、数据分析、用户研究等方法，定位全链路的用户痛点及用户需求。

（1）分析用户：确定目标用户群。

资产到期的用户从收益情况可分为赚钱、不赚不亏、亏钱3类。赚钱和收益持平的用户对平台好感度更高，推荐后复购概率更高。从平台大数据看，购买稳健资产的用户收益为正向的比例更高，所以优先给这类资产到期的用户推荐。

（2）分析推荐内容：确定推荐资产。

之前的设计是给用户推荐本周热销排行榜的资产，资产类型丰富。但若以平台角度给用户推荐资产，封闭期结束后亏钱了，用户就会抱怨。

为了让用户购买推荐资产后能收益稳健，与平台形成良好的信任关系，最终确定到期干预推荐稳健类资产。一方面目标用户群是购买稳健资产的用户，资产符合这类用户群的风险偏好；另一方面这类资产收益比较稳，在用户持仓过程中比较好进行投后服务。

（3）分析资产到期推荐场景：找到设计机会点。

将用户资产到期场景分为到期前、到期中、到期后分析。到期前和到期中用户资金都未到账，不一定有资金购买资产，理财动机低、能力低，对推荐的资产可能不感兴趣，复购意愿低。用户在这两个阶段仅有提醒需求，想了解有哪些产品、在什么时候到期、大概到期多少钱，然后再自己规划这些资金的用途。

只有资产到期后，用户的钱闲置在资金账户，才会有理财需求，会思考到期闲置资金该提现或者买理财。若继续买理财，用户复购意愿会非常高，我们就有很大的设计机会。

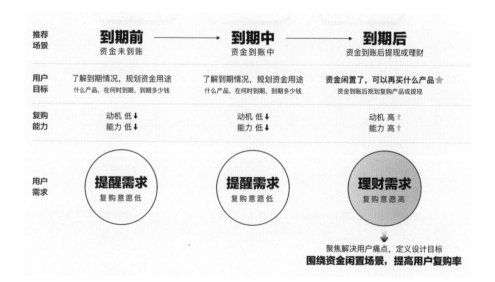

3）策略（设计机会）

策略就是制定设计目标，根据用户痛点，提出设计解决方案。

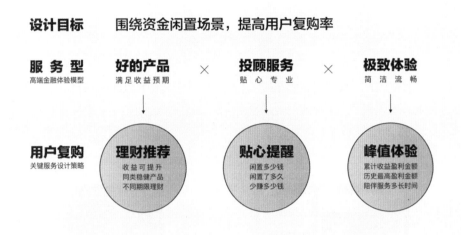

经过前期分析我们制定了设计目标：围绕资产闲置场景，提高用户复购率，并制定设计策略，从三方面打造服务型高端金融体验。

（1）好的产品：为用户推荐理财。

对复购用户进行理财推荐，要减少用户选择理财产品的困扰，提高自主购买的决策速度。从3方面打动用户：

第一：收益可提升。需要告诉用户有更适合投资的产品，收益可高于资金闲置的收益率，若能高于用户当前到期资产的收益率，则会更吸引用户转化。

第二：同类稳健资产。基于目标用户是购买稳健资产的用户，要继续推荐稳健理财产品，或者用户之前买过的同类产品。

第三：满足不同投资期限需求的产品。用户投资期限是不可预知的，要提供丰富的产品供用户选择。

（2）投顾服务：贴心提醒。

对于资产到期的用户，选择理财产品除了线上系统的推荐外，线下投顾服务的干预对于用户复购转化率的提升有非常明显的效果。

作为用户的专属顾问，可以从提醒用户这个角度切入沟通，提供贴心的投顾服务。例如提醒用户资金闲置了多少钱、闲置了多久、闲置资金这段时间少赚了多少钱等，让用户感受到专业贴心的服务，并愿意让投顾帮自己进行理财推荐和决策，继而复购产品。

（3）极致体验：峰值体验回顾。

通过投资理财赚钱是用户的终极目标，若赚到钱用户对平台的好感度就会提升，甚至成为忠实用户。

理财赚钱是用户的峰值体验，因此要在资产到期后唤起用户的峰值体验记忆，告诉用户在平台累计赚了多少钱。如果出现了部分亏损，那就告诉用户在某个产品上赚了钱。用各种设计方案强化用户峰值体验。

4）方案（设计实施）

方案是根据设计策略进行多种方案的设计推演，找到最合适的设计方案快速上线。

（1）入口优化，覆盖全量用户。

之前项目入口是公众号推文，会出现用户覆盖不全的问题。

在优化时需要找一个全量入口，从数据看"我的资产"是页面浏览量最高的模块，所以将入口放在"我的资产"页的"资金账户"下面。这是用户资金到账后的显示区域，提现或确认资金都会先看这里。当用户账户有闲置资金时，就显示提醒条"为您定制闲置资金收益提升方案"，通过收益提升吸引用户查看。此外，还特意在提示文案前做了动效图标。

注：产品页面仅供展示或示例之目的，不代表相关产品的真实页面情况，不构成投资建议

（2）闲钱理财运营页面优化。

之前运营详情页是本周资产热销精选榜，现在改为稳健资产推荐列表，根据前面的设计策略，设计方案主要从三大方向思考。

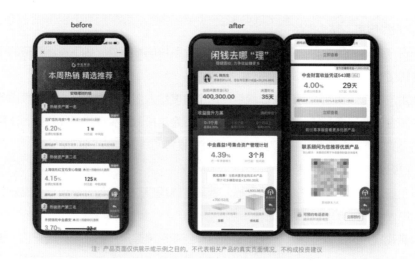

注：产品页面仅供展示或示例之目的，不代表相关产品的真实页面情况，不构成投资建议

第一：投顾服务——贴心提醒。

投顾服务能帮助用户提升复购的决策效率，整个服务过程是"线上+线下"结合的。

线上：页面显示投顾形象，用提醒的方式展示用户闲置资金，建立投顾服务的陪伴感。

线下：投顾会打电话或用微信与用户沟通，详细了解用户，告诉用户当前资产到期有钱闲置，了解用户目前的投资规划，收益及风险承受预期，并根据用户的需求和市场情况，定制化地推荐适合的理财产品。

第二：极致体验——峰值体验回顾。

投顾提醒的内容是经过精心设计的，希望能唤起用户赚钱的峰值体验记忆。

①若用户累计收益盈利，不论持仓过程是否亏损，都提醒他累计赚了多少钱、当前有闲置资金可理财、闲置了多长时间。

②若用户累计收益亏损，但持仓过程有资产盈利，则计算用户买过多少产品，提醒他历史最高赚了多少钱、当前有闲置资金可理财。

③若用户累计收益亏损，且持仓过程中无资产盈利，则从服务的角度进行人文关怀，告诉用户投顾服务的时长。

注：产品页面仅供展示或示例之目的，不代表相关产品的真实页面情况，不构成投资建议

第三：好的产品——为用户推荐理财。

①增强用户购买动力：包装收益提升方案。

基于目标用户习惯是购买稳健资产，推荐产品均为稳健理财。产品收益率由高到低排序，将收益率最高的资产放在第一屏，为了增强用户的购买动力，包装为收益提升。将闲置资金和推荐产品的收益率进行图形化对比，形象地展示推荐资产收益率会提升。

此外，文案上告诉用户，若资金按闲置时长计算，放在资金账户享受的是银行活期利率，收益较低。但若购买推荐产品，同样市场环境则可力争多赚钱。引导用户认知资金闲置带来的收益损失，促使用户购买推荐资产。

注：产品页面仅供展示或示例之目的，不代表相关产品的真实页面情况，不构成投资建议

②满足不同投资期限需求：将理财产品按期限进行划分。

用户资金闲置后再次购买产品，会考虑收益率、投资期限、风险偏好等因素。为了帮助用户进行高效决策，将资产按时间的灵活性划分为0~1个月（短期理财）、1~6个月（中短期理财）、6个月以上（长期理财）三个标签。

但标签设计的弊端是默认标签浏览高，其他标签浏览低。为了增加其他标签的点击率，我们将每个标签下最高资产收益率放在时间下面，用收益率刺激用户点击，并希望引导用户建立正确投资理念，投资是长期行为，稳健理财投资时间越长，收益越高。

③减少用户决策成本：强化曾经赚钱的资产。

很多用户购买资产会习惯选择曾经购买并赚钱的资产，这样比较安心。因此在资产列表中，将用户曾经持仓并赚钱的资产强化，标记显示"曾为您赚取收益+收益的金额"，为用户提供购买决策依据。

注：产品页面仅供展示或示例之目的，不代表相关产品的真实页面情况，不构成投资建议

5）验证（检验效果）

验证是根据上线前的问题及数据，进行上线后的数据对比，检验新设计方案是否有效，并持续不断地进行设计优化。

资产到期的闲钱理财运营项目上线后，通过数据分析，每周到期资金留存率提升了1.25倍，为提升平台资产管理规模做出了重要贡献。

4. 结语

　　疫情后全球经济增长放缓，国际地缘政治复杂化，金融市场动荡加剧，富裕及高净值用户资产价值大幅变动造成用户焦虑，新老用户忠诚度都受到进一步考验。当下我们要积极响应国家金融政策及监管要求，聚焦居民财富增长需求，积极寻求从"交易型"的产品销售模式向"服务型"的买方投顾模式进行转型。串联"线上+线下"的体验路径，打造"服务型"高端金融产品体验模型。我们要以用户投资需求为中心，提供专业的投顾能力、定制化的财富解决方案、卓越的全链路投资体验，最终引导用户实现预期收益，建立品牌忠诚度，助力业务增长。

彭英

　　现任金腾科技设计总监。金腾科技是中金公司与腾讯合资成立的技术公司，既是中金体系下的"数字创新"，又协助打造了腾讯生态内的"私行服务"。带领团队从0到1完成高端财富管理平台体验搭建。曾任职腾讯金融科技8年，主导QQ支付、QQ红包、腾讯乘车码等众多业务从0到1的体验搭建。

　　设计理念：通过服务设计进行设计赋能，构建线上+线下的"服务型"高端金融产品体验，打造以用户为中心、以买方投顾为导向的领先财富管理平台。

13 联想法在产品创新设计中的应用

◎ 郝华奇

在进行产品创新设计的时候，需要诞生大量的想法，从其中选优，进一步发展。而如何快速诞生想法，就是摆在大家面前亟须解决的问题。我们有时候需要创造一种愿景，表达一种理念，这时候往往需要把貌似不相关的内容关联起来，例如，万物归一、太空、宇宙、对话、浩瀚、起源，这些是意向性的词汇，是愿景，是理念。而连接、字体、按键、界面、点击、滑动、加载、动效、图标，这些是和用户体验相关的词汇。这两种概念如果能够联系起来，就能够产生创新的概念，诞生创造性的体验。

联想法就是由"甲事物"想到"乙事物"的心理过程。具体地说，是借助想象，把形似的、相连的、相对的、相关的或某一点上有相通之处的事物，选取其沟通点加以联结。利用联想思维进行创造的方法，即为联想法。在创意过程的初期，联想法起着非常重要的作用。"甲事物"和"乙事物"的关联往往是创新的一个起点。而关联的方式和通道就是解决问题的关键。这个通道选择得好，就能够创造性地解决问题。

联想法的作用能够在产品创新、品牌宣传、服务定义等方面找到巨大的功效。本文将联想法以及联想法的思维工具介绍给大家。

1. 联想法激活发散性思维

鼓励创新思维秉承一个理念：创新是一种思维能力，创新思维是可以培养的。在意识当中，有大脑意识和潜意识两种。大脑意识是以线性的、符合逻辑的"如果……那么……"形式（if-then）来运作的。潜意识以更随机的方式运作，从意识读取不到的大脑部位撷取资讯。潜意识持续在背景中运作，唯有让意识大脑休息，潜意识中的见解才有机会浮现出来。

最常见的是品牌营销联想。例如在云端看到连绵的云海以及从云海上露出的山尖，将这种景象和盒装冰激凌的表层产生联想，两者都是美好的事物，互相启发，这就是正向的"品牌联想"。

放松的心态对诞生有创造力的见解非常重要。当我们全神贯注地专注于一件事情时，我们的注意力往往会朝着我们试图解决问题的细节方向发展。尽管在分析解决问题时需要这种注意力模式，但实际上阻止了洞察力的开发。

创新思维一般包括"自发创新"和"刻意创新"。"自发创新"是无意识、自然产生的，主要通过移除障碍，让环境因素发挥作用，例如在公司的茶水间、在家的淋浴间，都可以让自发创新产生。"刻意创新"是有意识、有目的地创新，通过过程和方法的管控、有序的组织和练习，确保创新的产生，例如在组织里面通过会议和活动让创新诞生。

对于"自发创新"而言，起始往往是针对某一问题的认真思考，而且这个思考过程已经让自己产生了疲倦，沉浸式的任务为后续的思维跳脱产生了先天条件。当人们在进行淋浴、跑步等习惯性任务的时候，就会让潜意识释放，创意就会伴随着潜意识的运行而自动浮出水面。

自发创新的诞生过程

既然"自发创新"和环境的关系很大，因此主动营造适合创新的环境就可以让创新的氛围更好。在主动营造的时候，需要关注自由的氛围、团队成员的支持、富有生机的态度、幽默、轻松、自在的状态、承担冒险的不确定性等。有时候一定程度的压力对创新也很有帮助，例如营造辩论的交锋态势。适度的紧张和平静以及留给自己一定的独处环境和思考的时间，对自发创新都是有帮助的。

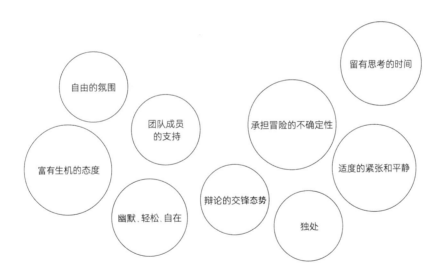

主动营造适合创新的环境

自由的联想也可以在日常生活中得到锻炼。例如选取一个三角形，通过联想和三角形关联的物体，进一步构想产品的使用场景和创新的功能。这个练习可以是手绘的形式，不必拘泥绘图的效果，但要追求构想方案的广度，让自己放松才能想到更多。

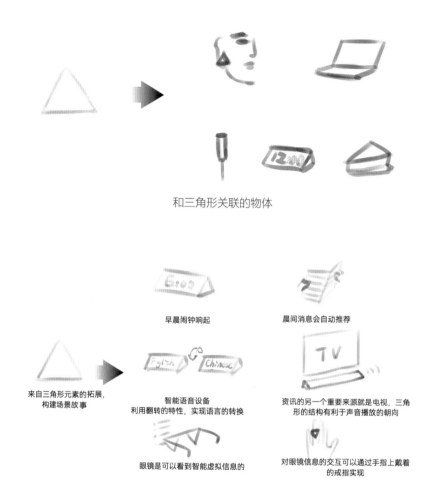

和三角形关联的物体

早晨闹钟响起

晨间消息会自动推荐

来自三角形元素的拓展，构建场景故事

智能语音设备
利用翻转的特性，实现语言的转换

资讯的另一个重要来源就是电视，三角形的结构有利于声音播放的朝向

眼镜是可以看到智能虚拟信息的

对眼镜信息的交互可以通过手指上戴着的戒指实现

和三角形关联物体的使用场景

　　创新的层面包括产品/服务层面、流程层面、商业模式层面。创新的类型包括渐进性创新、半根本性创新、根本性创新。如果从风险性以及和现实的接近程度考虑，渐进性创新虽然风险小，但是不足以保证长远的成功；根本性创新会带来巨大风险，但是为长远的成功创造了机会。我们鼓励各种类型创新的均衡发力。

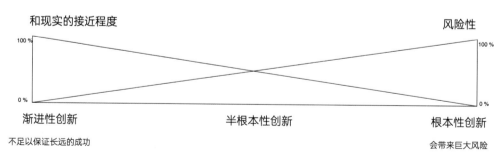

创新类型的分析

创造性思维的动态组合，让发散性思维和聚合性思维能够交替发展。

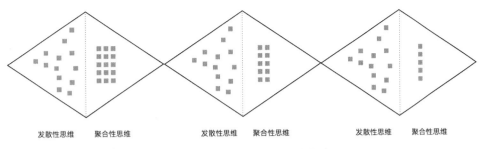

发散性思维　聚合性思维　　　发散性思维　聚合性思维　　　发散性思维　聚合性思维

发散性思维和聚合性思维的动态组合

发散性思维先于聚合性思维，如果想要鼓励"发散性思维"，在创新的过程中就需要推迟决定，力求增加创新想法的数量，让天马行空的想法能够自由表达，而且让不同的想法可以互相借鉴，让想法基于之前的想法能够自由发散。聚合性思维是一种集中、积极的评价想法的过程。如果想要鼓励"聚合性思维"，就需要在创新过程中坚持正向判断，不固执在某一个观点上，通过牢记目标，让新想法得以健康发展。

因为创造性思维是动态发展的，在不同的目标方向上，动态发展的节奏又是遵循着"发散性思维"和"聚合性思维"在交替，当某些方向证明不可行，或者得到了具体结论的时候，这个方向就可以暂停，转而在别的方向上让"发散性思维"和"聚合性思维"继续交织前进。

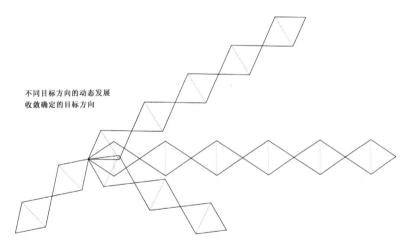

不同目标方向的动态发展
收敛确定的目标方向

不同目标方向的创造性思维的动态发展

例如充电宝归还的时候，充电宝箱已经占满，想要解决这个问题，就可以应用动态发展的创造性思维，让发散性思维和聚合性思维交织起作用，产生更有创造性的解决方案和更加明晰的路径。例如可以通过硬件的方式、软件的方式、商业的方式解决充电宝的归还问题。

硬件的方式	软件的方式	商业的方式
1. 扩大充电宝箱的容量 2. 标准化充电宝接口，兼容不同品牌的充电宝 3. 增加充电宝回收点	1. 导航显示有空位的充电宝箱位置 2. 用列表显示有空位的充电宝箱位置	1. 信用等级支撑，10点以后不扣钱，第二天早晨9点开始扣钱 2. 找人代还（财产转移），给代还人酬劳 3. 上楼少扣钱，远处少扣钱 4. 服务中心代收，增加地推服务人员收集 5. 凭购物小票，超过一定金额可以免费使用

解决充电宝归还问题

2.联想法思维工具

创新的方案会将新的应用场景、新的功能带到产品中，在对概念的理解过程中，需要一个"跳板"或者"通道"，让新的应用场景或功能和产品产生关联，或者让新的概念方向和产品产生关联。

联想法的思考维度包括时间维度和空间维度。从时间维度看，联想法需要着眼未来，想象出理想的情况将会如何出现。从空间维度看，联想法是同类型事物的关联构想，需要创造场景故事。

联想法的思维工具如果从"启动""发散""收敛"这三个阶段区分的话，在"启动"阶段，有强制关联的方法。在"发散"阶段，有故事脚本、脑力协作、关键词组合、SCAMPER方法。在"收敛"阶段，有未来的新闻报道的方法。

1）强制关联

强制关联借助外界刺激（文字、图片和物体）打开思路、激发灵感。这种方法有利于提高方案的新颖性。

强制关联的方法通常是选择与解决问题毫无关联的一个词汇、图片或者物品，列出与这个词汇、图片或物品相关的四五个要素，尝试把它们与问题强行建立联系，在这些联系下，可以为解决问题想出更多的点子。需要注意的是，不要被所选的词汇、图片所限制，把它们当作带来想法的灵感就行。

例如想要设计汽车内饰的新体验，这个时候强制关联"冰块"和这个问题。基于冰块，联想相关的词汇，在这些词汇组成的词库里面，进一步拓展场景方向，让思维在很短的时间内得到激活。

"冰块"和"汽车"强制关联，设计新体验

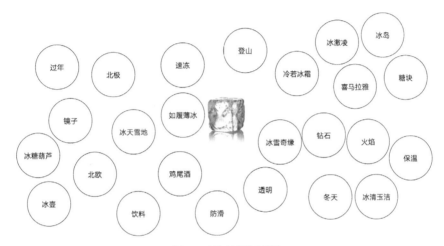

来源于冰块的词汇联想

按照不同的类别整理这些联想出来的词汇，能够让创新的思维脉络更加清晰。

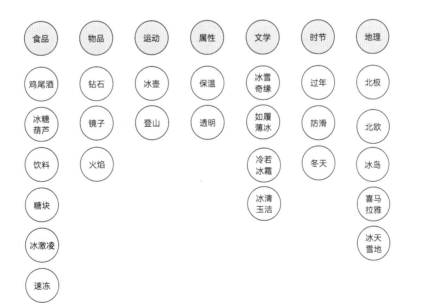

按类别整理的词汇

在这些词汇的帮助下，汽车内饰新场景的方案发散变得容易起来。接着可以应用专业的知识，将方案进一步完善。

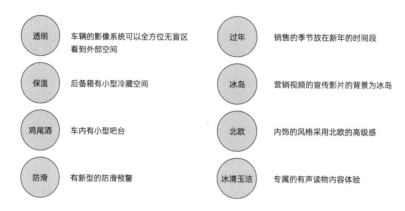

依据词汇发散的创新场景

2）故事脚本

故事脚本是用讲故事的方法描述场景，探索产品的创新应用。这个时候的故事和用户的旅程地图是相关的，不仅有上下文相关的环境，而且有产品之间的相互配合。用脚本的形式呈现，有利于方案的沟通，以及进一步固定目标。将不同人的体验构想文本化、纸面化，有利于确定讨论的基线并细化方案。

例如设计AR眼镜的创新方案时，可以构建的故事脚本是在多种类型的终端输入导航的定位，然后眼镜接入第三方App查询车辆状态，也可以在眼镜里看到空间导航。

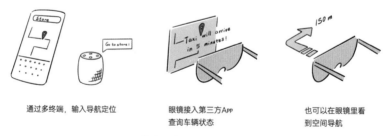

AR眼镜在导航过程中的创新应用

上面的案例是将时间流纳入故事脚本，也可以只呈现场景体验的专有片段。例如对比作为穿戴设备的手表形态和AR眼镜形态，看到各自的特定优势。

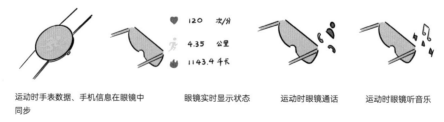

作为穿戴设备的手表和AR眼镜的应用场景对比

故事脚本还可以针对交互的方式进行模拟研讨。例如通过AR眼睛在交互方式上的场景模拟，可以看到在操作时会面临什么样的瓶颈。

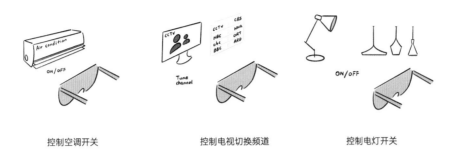

控制空调开关　　　　　　控制电视切换频道　　　　　控制电灯开关

AR眼镜在交互方式上的场景模拟

3）脑力协作

在开拓思路的环节中，可以把脑力协作作为备用方法。具体可以使用6-3-5法（6个参与者、3轮交换、5分钟一轮的时间节奏）。过程中设定时间限制，每个参与者在脑力接力过程中写下的内容不只是几个关键词，还要确保每个想法清晰易懂，每个人都可以在此基础上顺利思考。不同的参与者以分组的形式，在方案上进行拓展接力，创新想法建立在其他人的智力基础上，可以让方案的发展更加多元化。

在每一轮脑力协作中的方案递进示意

4）关键词组合

关键词组合与前面提到的强制关联有一定的相关性，强制关联可以借助词汇、图片、空间信息等进行关联拓展，随着挑选的参数数量和变量数量的增加，复杂度将会呈几何级增长。在使用少量参数和变量的情况下可以尝试所有的组合情况，从每一个挑选的组合中思考出不止一个新想法。这种组合有利于构想出新的想法。

例如，在设计穿戴产品的时候，可以从用户对象、强制关联词、传感器种类这几个维度出发，组合出儿童+游泳+心率+水压传感器的方案。体验场景是教练从游泳学童的穿戴设备收集关于心率、水压的信息，来考察学童的身体状况。针对具体的情况将儿童分类，提高教学的针对性，同时教练可以设定游泳的目标值，来判断学童是否达标。

穿戴设备在游泳教学中的创新应用场景

如果更换了场景和传感器，但是保持用户对象一致，可能的方案是儿童+旅游+湿度、温度、血氧传感器，体验场景可能是家长根据儿童身上的穿戴设备来判断儿童在旅游过程中的身体状况，制订喝水、休息等计划。

穿戴设备在儿童旅游中的创新应用场景

5）SCAMPER

这7个字母分别对应着Substitute（替换）、Combine（结合）、Adapt（适应）、Modify（修改）、Put to other users（用作他用）、Eliminate（去除）、Rearrange（重组）。这7个关键词相当于提供了一个模板，用户可以根据这个模板的提示和建议，依次考虑可能的方案，有利于让方案拓展的数量和思考维度更有保障。

同样是前面提到的充电宝归还时位置不够的问题，如果想要解决这个问题，通过SCAMPER方法，得出的建议如下所示。

SCAMPER思维工具	创新解决方案
Substitute （替换）	应用规则发生变化，"机器回收"变成"人回收"
Combine （结合）	值班处配置回收的能力
Adapt （适应）	有指挥系统，可以有效提醒和指引
Modify （修改）	改变储物结构
Put to other users （用作他用）	可以续借
Eliminate （去除）	高等级用户可以增长免归还的时间
Rearrange （重组）	放置到新的位置，有集中归还的场所

应用SCAMPER方法，解决充电宝箱的空位不够的问题

6）未来的新闻报道

未来的新闻报道是从未来的角度看现在，"以终为始"，构想未来的理想情境，能够把想法变得具体、生动，有利于形成一个共同的愿景和清晰的目标。报道中可以描述目标是如何实现的。尝试从客户的角度出发，引用他们的观点和反馈。虚构一篇未来目标已经达成或者问题已经得到解决的情境下，来自主流媒体的新闻报道，这种方法有利于收敛方案的方向。

在产品创新设计中应用联想法，需要激活发散性思维，营造自发创新的外部条件，正确应用发散性思维和收敛性思维的动态组合与发展，在启发、发散、收敛的不同阶段，正确选用联想法思维工具。这样就能让创新想法的数量和质量得到保障，让想法和方向性关键词之间的匹配度得到保障。

郝华奇

华为创新产品UX设计总监，曾先后9次获得国际Red Dot、iF、G-mark、IDEA设计大奖，2011年获得国际Red Dot金奖。从事过ID设计、UX设计工作，擅长产品创意设计、用户体验场景创新设计，尤其擅长有形产品的体验定义。近年来分享了车机项目、智能穿戴设计、互联网设计、品牌设计、智能出行、创新方法、设计趋势、手机中的增强现实设计等研究课题。

14 如何打造脱颖而出的爆款

◎ 周子采

在高强度的生产节奏下，如何坚持用户视角，稳定且高效地开发让用户眼前一亮的产品？我从近六百款文创产品开发经验中，沉淀出一套可复用的产品开发及体验提升的方法。接下来，我会结合实际案例带大家一起体验和学习这套方法，帮助大家在未来的业务场景里，更全面地定义产品，让产品赋能业务，成为项目中的爆款。

1. 什么是爆款？如何设计爆款？

对一部好的电影，我们一般会说"叫好又叫座"，意思是这部电影口碑和票房双丰收。其实产品里的爆款也同样是这两个维度，首先是产品"叫座"，开发的产品具有商业价值，助力企业达成商业目标。另外是产品"叫好"，这个产品有好的口碑，不仅获得市场的认可，同时在消费者中有很好的口碑，荣获了具有公信力的行业奖项。

相信每一个产品设计师都希望自己的产品是名利双收的爆款，也希望自己有源源不断的灵感。那么如何去开发一个"叫好又叫座"的爆款呢？在工作中，我们团队围绕产品"叫好"和"叫座"两个维度沉淀了两套开发工具：产品框架和运营框架。产品框架可以帮助我们有效地发散思维并完成一款逻辑严谨的产品；运营框架可以帮助我们将产品嵌入到业务场景中，更精准地寻找产品的机会点和优化方向，实现产品的市场价值。接下来，我会通过实际案例来展示如何运用产品框架和运营框架来完成产品开发。

2. 聚焦产品价值，搭建产品框架

产品框架是基于黄金圈法则创新的产品开发方法。黄金圈由三个嵌套在一起的圈组成，这三个圈由里向外分别是"为什么""怎么做"以及"做什么"。黄金圈法则最早由西蒙·斯涅克提出，用于研究如何表达才能更高效地把产品销售给客户。

西蒙·斯涅克通过研究苹果、莱特兄弟等成功的企业案例发现，成功的企业在向用户推销产品时，不仅推销产品本身，还会通过产品传递的价值观吸引和感召更多用户。例如苹果公司，在售卖产品时，会强调企业的价值观是在为追求卓越的用户提供世界最顶级的产品和最前沿的技术。从苹果公司的价值观中我们可以感受到两个信息：第一，苹果公司在提供"世界顶级的产品和最前沿的技术"；第二，苹果公司的用户都是"具有卓越追求的"。这种通过价值观召集的用户相比传统低价促销的用户会更具有忠诚度。西蒙·斯涅克在这里提到的"价值观"，在黄金圈中对应的是最里面的圈"为什么"，这个"为什么"要求我们在营销的时候，更清楚地了解我们的产品能够为用户带来什么，我们产品存在的意义是什么。在明确了"为什么"之后，我们才能更准确地制定"怎么做"的执行计划以及"做什么"的落地方案。黄金圈法则以往更多地运用在销售、演讲或是团队管理这些侧重表达的工作中，因为这个方法能让表达者的陈述逻辑更加清晰，让用户更轻松地获得重点信息。其实一款好的产品和演讲一样，具有清晰逻辑的产品更容易被人理解和接受。

工业产品设计中有5个核心要素，分别是价值（Impact）、概念（Idea）、功能（Function）、外观（Form）、差异化（Difference）。有的设计师在设计和介绍产品时，会重点陈述某一个设计要素，忽略其他要素。这种介绍方式，虽然能够让用户记住产品的核心亮点，却没有建立对产品的全面认知，较难将产品带入自己的生活，产生共鸣。还有一些设计师会全面地介绍产品的5个要素，但缺乏逻辑顺序的平铺直叙会让用户觉得产品特征不够突出，很难有购买产品的冲动。我们团队在产品开发时，会将产品5要素按照黄金圈的顺序整体串联，这样不仅能够协助我们更好地介绍产品，并且能够在产品开发过程中，让产品更加完整。那么，如何将产品5要素结合到黄金圈法则里呢？

首先，黄金圈法则中最里面的一环"为什么"，我们关联到产品要素中的"价值（Impact）"。思考用户为什么需要这个产品，这个产品可以为用户带来什么价值，这个价值不是针对某一款产品提出的创新概念，而是站在人类发展或者社会关系角度的长远思考，提出一种更好生活方式的创想或是人类良性可持续发展的方案。

其次，黄金圈法则中间的一环"怎么做"，我们关联到产品要素中的"概念（Idea）"和"功能（Function）"。在这一环，我们重点关注需要通过什么方式来实现产品价值、需要哪些功能来支撑、功能是不是易用、高效。

最后，黄金圈法则中最外面的一环"做什么"，我们关联到产品要素的"外观（Form）"和"差异化（Difference）"。这一环主要解决我们需要一个什么样的造型来实现产品功能，这种形式是不是合理，是不是美观。

将产品要素和黄金圈法则关联后，我们会获得一个产品框架模板。团队在这个模板的基础上不断丰富，产品一步一步清晰地被推导出来。这种推导的设计方法可以保证团队的产出稳定和可预期。

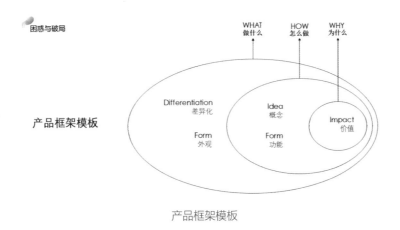

产品框架模板

3. 产品框架运用，以DinoDaily智能硬件矩阵为例

介绍完产品框架后，通过DinoDaily智能硬件矩阵开发实例，为大家介绍一下如何通过黄金圈法则，一步一步推导出产品。

2020年，新冠肺炎疫情暴发，学校停课。孩子们不得不在家远程学习。线上学习，线下复习成为新的学习场景。在这个学习场景里，孩子长时间通过屏幕学习，让家长开始担心孩子的视力因为屏幕学习而下降，另外一件困扰家长的事情是课后作业辅导。以前孩子的作业辅导多半是学校老师来完成，但学校停课后，家长不得不替代老师去辅导孩子的功课。家长辅导作业的问题不仅在于占用了家长原本可以休息的时间，更重要的是，家长不是专业的老师，辅导作业的方法不一定是孩子接受的，往往家长越辅导，孩子越不懂。新的学习场景出现了新的问题，团队希望开发一套产品，更好地服务远程学习的用户，通过智能学习硬件，帮助他们以最自然的方式，实现新学习场景的过渡。

在新的场景中，最自然的学习是我们希望为用户创造的核心价值。虽然我们开发的是智能产品，但我们并不希望用户关注到产品智能的部分，而是自然地使用产品完成学习任务。同时，我们希望用户在使用我们产品完成学习任务的过程中养成良好的学习习惯。基于这个产品价值，团队开始了DinoDaily品牌智能产品的整体策划。

我们首先开发的产品是一款点读笔，我们希望为孩子设计一款极简、高效的点读笔，所以，从产品功能上，我们只保留和学习相关的功能，去掉了与学习无关的游戏、娱乐功能。从产品外观上，我们去掉了多余的颜色和造型，让产品尽可能的简单。同时，我们在点读笔上增加了一个握笔矫正的曲面，可以帮助孩子在使用过程中，养成良好的学习习惯。

由于市面产品大多定位是伴学玩具，更多的是卡通造型和游戏化的功能设置，所以我们的产品定位，让我们在市场上具有鲜明的差异化特点。

DinoDaily点读笔产品框架

在完成产品策划框架后，很快我们完成了这款点读笔的设计。因为它独特的设计理念和差异化的产品形态，让它在2021年儿童产品中脱颖而出，同时荣获了2021年红点设计奖、iF设计奖以及CGD当代好设计奖。

困惑与破局

简单的表面
只有一个按键

DinoDaily点读笔设计

　　基于高效学习、培养孩子习惯养成的核心价值，我们还开发了DinoDaily阅读机器人，同样是灰白两色的设计，尽可能地减少产品分散用户的注意力。值得留意的是，产品的眼睛并没有看向用户，而是向下看向书本，这个设计与常规的产品设计方式相悖，却在我们的产品逻辑框架中是合理的。

　　同样，因为我们独特的设计立意及差异化的落地形态，该产品也荣获了2021年CGD当代好设计奖以及"白鹭杯"海峡设计大奖赛银奖的殊荣。

　　奖项的殊荣不能证明设计的好坏，但可以说明这种设计价值的输出是被认可的。

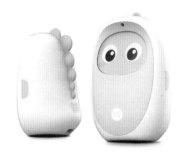

DinoDaily阅读机器人

困惑与破局

最安静的
学习伙伴

看向书本的眼睛

4. 以用户推荐为目标的产品运营框架

前一部分，我们通过聚焦产品核心价值，搭建产品框架，开发具有市场差异化的爆款产品。接下来，会通过实际案例展示如何以用户推荐为目标，搭建产品运营框架，让产品发挥更大的商业价值。

传统的产品运营策略主要是以销售为目标，大多关注售前环节，考虑如何让未付费用户付费。以用户推荐为目标的运营框架会关注用户在整个产品生命周期中的体验情绪，通过对用户情绪的有效管理和调整，保证用户对产品使用的愉悦度，从而实现分享和推荐的目标。近年来，越来越多的企业会关注用户的口碑和推荐，并提出了用户推荐值的概念。净推荐值（Net Promoter Score，NPS）最早是由贝恩咨询公司客户忠诚度业务的创始人弗雷德里克·雷赫德提出的，是一种计量某个客户将会向其他人推荐某个企业或服务可能性的指数。该理论一经推出，就被众多企业采用。

我们团队以用户推荐为目标创新了产品运营框架，这个框架是基于用户情感设计理论展开的，最早提出情感设计理论的是唐纳德·诺曼。他认为，产品的情感体验分为三个层次，依次是本能层、行为层以及反思层。

本能层，用户关注外型、色彩、声音、材质、重量、气味等感官层面的因素。本能层的体验更多发生在用户初次接触产品，还没有使用和体验的阶段。

行为层，用户关注产品的功能性、易理解性、易用性。这个阶段的体验发生在用户真实体验和操作产品的过程中。在唐纳德·诺曼的理论里，所有让用户产生操作困扰的设计，都不是好的设计。

反思层，用户在使用完产品后，会把产品的使用体验和个人以往经验进行关联，从而产生共鸣。有经验的产品设计师会在设计过程中，巧妙地将用户正向经验置入到产品的操作中或者融入产品的外观里，主动引导用户反思，科学地管理用户的愉悦度。

基于情感体验理论我们分三步搭建产品运营框架。第一步是产品框架匹配，将产品框架和用户情感体验顺序关联起来。第二步是绘制用户情绪曲线，找到用户情绪的波谷，针对性进行产品的优化，拉升用户的情感曲线。第三步是输出完整的运营策略，引导用户情绪。接下来，我通过《孩子指尖上的非遗》机关书展示如何通过运营框架，将产品嵌入业务，助力业务成功。

5. 产品运营框架运用，以《孩子指尖上的非遗》为例

《孩子指尖上的非遗》机关书是我们为非遗素养课程配套开发的手工材料包。说到手工材料，大家应该不陌生，我们小学的时候都用过，就是上美术课的时候，老师发给大家的美术材料。传统手工材料包大多只是起到课程辅助作用，大家不会太在意。

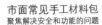

市面常见材料包

市面常见手工材料包

团队接到项目后，首先思考希望让孩子从材料包里获得什么。是让孩子可以独立临摹一个大师的作品？还是希望能够让孩子深入了解某项非遗技艺？我们认为锻炼动手能力或者了解一项非遗技艺固然重要，但我们更希望为孩子创新一款材料包，它能够让孩子从传承人世代生活的环境中，了解古人因地制宜的智慧；从传承人的人生感悟中，懂得中国特有的家国情怀和匠人精神；从沉浸的参与中，树立民族自信心，并能够向世界传递中国之美。

于是，我们在传统手工材料包的基础上，增加了特色民俗、自然环境、人文历史、大师说等围绕非遗的周边知识内容。

为了让非遗知识内容自然地和手工材料包结合，并更友好地呈现给孩子，我们选择立体绘本的形式来承载。因为立体绘本丰富的立体结构能够满足孩子互动和动手体验的需要，绘本部分还能生动地将非遗知识以孩子的语言讲述出来。

这样，我们就完成了创新材料包——《孩子指尖上的非遗》地产品框架设计。

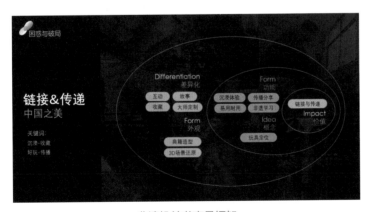

非遗机关书产品框架

完成产品框架的梳理后，我们确信能够完成一款具有市场差异化的优质产品，那如何将这款产品推向市场，如何让用户了解我们的设计用心呢？接下来，我们需要搭建产品运营框架，在更完整的链路中将产品渗透给用户。

第一步，绘制用户体验旅程图，将产品框架嵌入业务触点。我们将业务触点分为拉新、付费、用户使用以及课后四个环节，将产品框架与对应的业务场景关联起来，形成基础的产品运营框架。借助产品运营框架，我们可以将产品卖点根据不同阶段业务的诉求合理分配，让产品能够在更长的业务路径上发挥商业价值。同时，这种精细的产品运营框架，也能让用户更清晰地了解我们设计产品的用心。我们会邀请用户增长和销售的同事参与产品运营框架评审，确定产品的卖点能够适应运营和销售的业务场景。

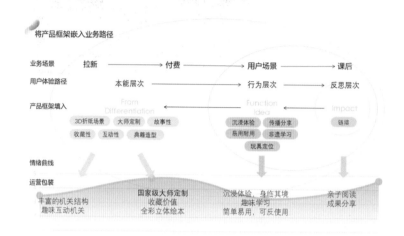

产品运营框架

第二步，绘制用户的情绪曲线，针对波谷进行产品调整。通过用户体验旅程图的绘制，我们细分了业务场景，并将产品卖点合理地分配到不同的业务场景中逐步渗透给用户。为了确保运营策略能够真实打动用户，我们会邀请真实的目标用户做全流程的体验测试，确认用户的情绪与预期是否一致，针对有出入的部分进行打磨和调整。

用户真实体验

第三步，输出全流程的运营策略。完成用户旅程图和用户测试后，我们会产出贯穿售前、使用和售后全流程的运营策略。售前，我们更多展示产品价值感的部分，例如丰富的机关结构、趣味的互动形式、大师提供的一手资料等，以此提升用户的好奇心，拉升用户情绪直至用户愿意付费尝试。在使用场景，我们尽可能地简化操作难度，避免用户由于操作问题带来的苦恼，并为用户提供了大量的影音资料，希望让用户沉浸在非遗的语境里，维持使用产品的热情。售后，我们希望再次将用户情绪拉高，期待他们能够分享和持续关注我们后续的产品。为此，我们会组织线上展览和有奖分享的活动，鼓励用户分享自己的作品，并在分享的过程中拥有"获得感"。

通过搭建运营框架，输出完整的产品运营策略，让产品作为核心串联起各个业务环节相互协作。产品不仅让用户获得了最完整的使用体验，同时也实现了不错的商业变现。《孩子指尖上的非遗》荣获2022年iF Design Award，成为行业标杆性产品。

沉浸式使用体验

6. "产品+运营"，让产品更完整

通过"产品+运营"的设计方法，团队不仅为企业持续产出优质的文创产品，并且围绕产品搭建了全套的产品服务体系，让优质的产品可以通过预先规划的运营方式，更自然地进入用户生活，被用户所接受。目前，DinoDaily文创产品包含学习、生活、玩具、3C电子四大品类，有近六百款不同的产品，每一名VIPKID用户家中至少拥有一件DinoDaily文创产品。未来，希望优质的产品可以为孩子创造更大价值。

推荐阅读：
《情感设计》，唐纳德·诺曼著。
《从"为什么"开始》，西蒙·斯涅克著。

 周子采

中央美术学院艺术设计硕士，现任VIPKID产品设计开发负责人，具有丰富的衍生产品开发经验。负责搭建VIPKID教育文创品牌DinoDaily衍生产品生态体系，带领团队开发六百余款衍生产品，为塑造创新教育企业形象打造坚实技术壁垒，该品牌荣获2020年腾讯育儿盛典儿童教育标杆品牌。作为主创工业设计师设计的DinoDaily点读笔在2021年荣获红点奖、iF设计奖、CGD当代好设计奖。设计理念：打造全球孩子最喜爱的IP学习伙伴，让学习自然发生。

◎ 陈田华

随着数字化的发展进程，传统银行业不再局限于原有的金融服务类型，而是围绕"金融+生活"的发展方向，满足用户的多元化需求。一个小小的App承载了方方面面的业务领域，因此平台的体验一致性成为我们必须面临的基础课题。

对于数字银行来说，构建完整的设计体系，可以更好地贯彻落实设计语言，提升用户体验，同时提高设计师及前端工程师的工作效率。本文从为什么、是什么、怎么做三个部分，介绍构建设计体系的方法。

1. 为什么要做设计体系

一个按钮，由形状、颜色、状态和大小等属性构成。不同的设计师绘制不同样式的按钮，开发再根据设计稿编写相应的按钮代码。

假如一个App有500个页面，平均每个页面有2个按钮，每个按钮有3个状态，线上就可能出现3000个按钮。从用户感知层面，大大增加了用户的认知成本和理解难度。

每次升级版本时，都需要对这3000个按钮样式进行修改。从组织协作上来说，不论是设计师还是开发人员都在重复造轮，工作没有价值感。

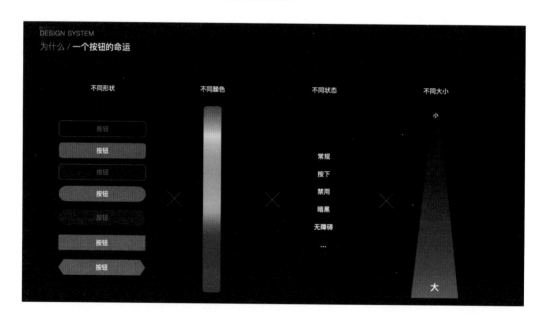

热力学有一个名词"熵增"，是指组织无序发展导致出现不可控的状态，这个状态就像是刚刚举例的无数个不可控的按钮。那么，如何从这种无序的状态回归到有序的状态？我们需要定义一系列的规则、规范甚至是协作流程，我们统称为设计体系。

构建设计体系有什么价值？它可以帮助产品实现敏捷迭代，提升用户体验，不论是设计团队还是开发团队，都可以达到降本增效的目的。

2. 设计体系是什么

在工作中，想必大家经常听到一些专业名词，如设计语言、设计规范、组件库、设计体系等，它们之间是什么关系？如何区别？

首先在此规避一个误区，设计体系≠设计规范≠组件库。

- 设计语言是根据行业、公司、产品、用户等特点制定的一系列指导原则，相对比较抽象，包括设计价值观、设计原则以及感知性的视觉表达方向。
- 设计规范是为了更好地落实设计语言，拆分出来的一系列实际的执行标准，必须严格遵循。
- 组件库是为了实现某项规范的快捷方式，它主要串联的是设计与开发的工作流。

例如，要定义平安银行的品牌色，在设计语言层面，定义品牌色是暖橙色；在设计规范层面，定义橙色的色值为#FF4800；在组件库层面，定义设计师以及开发人员必须调用公共色值Color_Brand_Primary，它的色值等于#FF4800。

通过案例可以发现，从设计语言到设计规范再到组件库，是从抽象到具象变化的过程。

1）设计体系的定义

这里引用《设计体系》一书中的定义，设计体系是为了实现数字产品的目的而组织起来的一套相互关联的模式和共享实践，帮助设计、开发人员高效工作，且动态地保持用户体验一致性。

2）设计体系的构成

设计体系由设计语言和GATM构成，GATM分别是标准化规范（G）、数字化资产（A）、协同化工具（T）和生态化管理（M）。

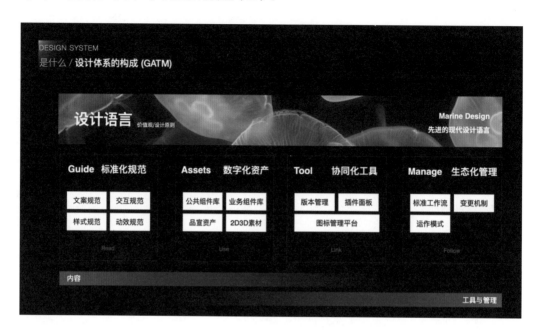

设计语言包含设计价值观、设计原则等一系列感知性的描述，为设计提供视觉表达方向。常见的描述类型为色、形、字、构、质等。

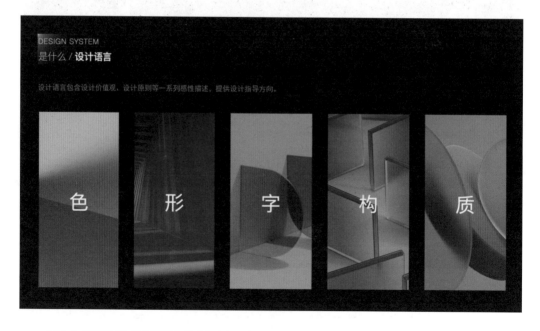

标准化规范是为了更好地落实设计语言，拆分出来的一系列实际的执行标准，必须严格遵循。通常会分为内容规范、样式规范、交互规范和动效规范。

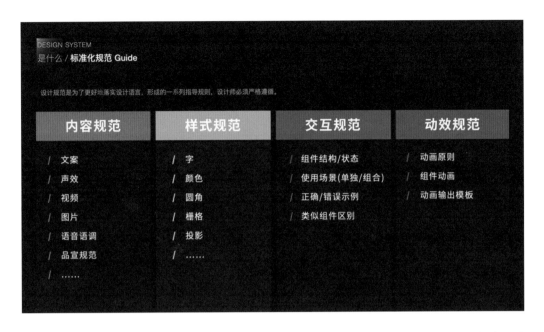

数字化资产包含了数字化组件库和数字化资源库。数字化组件库由基础组件、复合组件和业务组件构成，资源库是在运营设计过程中沉淀出来的字体、2D/3D素材和C4D素材等。

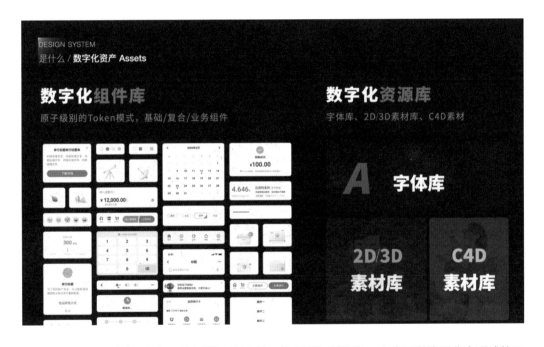

协同化工具分为4大类：分析类、协同类、管理类和创作类。大家可以购买业内现成的工具，也可以采取企业自研的方式。购买业内成熟的软件，投入的经济和时间成本相对更小；企业自研会更符合公司的特色，安全性也会更高。

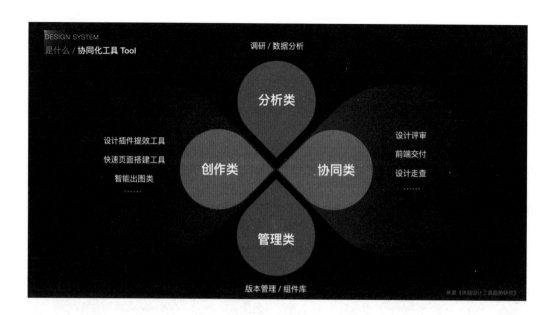

生态化管理是指组织生产一系列的资产和工具，这并不是一劳永逸的，还需要动态更新。因此需要规范管理机制、标准工作流及接入管理，使其动态保持一定的秩序感，从而形成平衡的生态。

3）设计体系的级别

设计体系有级别之分，根据我们的经验，将设计体系分为三个级别：产品级别、领域级别和平台级别。

产品级别的设计体系服务于单个的App，目标大多是解决单个产品的体验一致性问题，如平安银行现在的PB_Design设计体系。

领域级别的设计体系服务于一系列产品，更多的是为了满足业务快速发展。例如我们熟知的Ant Design以及新兴的TDeisgn等。

平台级别设计体系，不仅服务一系列产品，一般还服务多端不同领域的多个产品、多系列产品，例如Material Design。

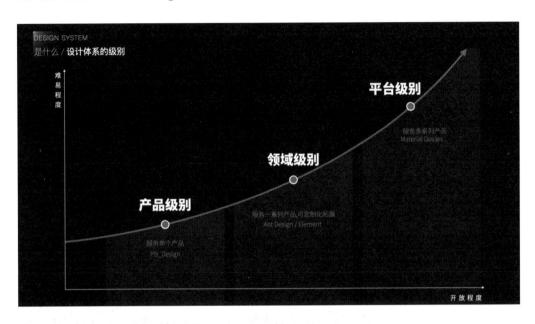

从产品级别到领域级别再到平台级别，开放程度越来越高，当然随之而来的构建难度也是越来越高的。

3. 如何构建设计体系

设计体系的构建流程分为5个部分。

围绕着体系建设的核心目标，前后各有两个非常重要的步骤。明确目标、团队配置是前置条件，帮助我们明确团队的实际情况，为建设设计体系做好准备工作。流程管理以及体系评估是后台支持，确保设计体系的动态化更新，同时应该定期评估体系的落地情况，收集团队成员使用的满意度，不断优化目标。

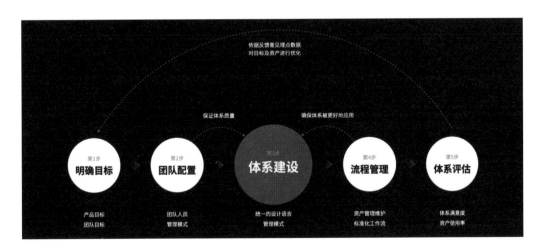

1）明确目标

如何判断公司目前是否需要建设设计体系？有很多的因素会影响，不过我们可以首先观察团队是否有以下两个现象。

- 公司的产品规划是长期的，且更新频率也比较高。
- 设计或开发工作效率低下，有重复造轮的现象。

如果以上两个问题并存，就可以判定需要建设设计体系来解决用户体验及效率问题。

那如何根据现状去判断，当下需要建设什么级别的设计体系呢？我们可以从产品类型、隶属领域、发展阶段、团队规模等因素判定。

以平安银行为例，核心产品是口袋银行App，它是服务于C端客户的金融领域的成熟期产品，拥有100多名设计师与500多名开发人员，属于中大型团队。因此需要构建一个产品级别的设计体系，核心目标是提高体验一致性，有一定的约束性。

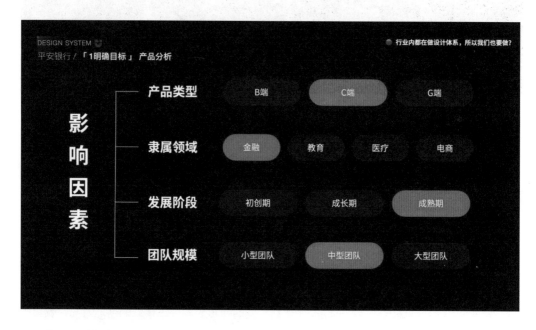

有了初步的规划，还需要获得多方认可才能执行，可以针对不同的角色，有侧重地阐述建设设计体系的价值。

2）团队配置

设计体系建设的合作模式分为4类：单业务驱动、多业务驱动、中台驱动和中台业务共创。

单业务驱动适合较小的团队，一个业务设计师创建资产，其他设计师应用即可。

多业务驱动适合中型团队，往往涉及不同的专业领域，单独的业务能力难以覆盖，因此需要其中几个核心业务设计师共建资产，其余业务设计师应用。

在大型团队中，往往必须建立一个中台组织，来负责资产的维护，可以是中台独立驱动，或中台与业务共同驱动。一般情况下，可根据不同的阶段选择，先由中台驱动，模式成熟后再转变为中台业务共创模式。

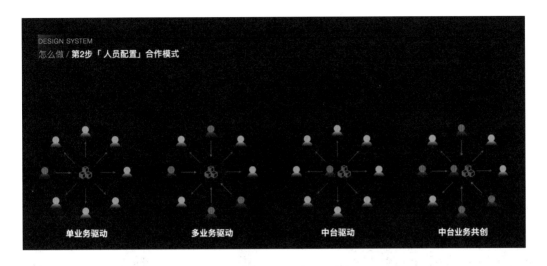

如果选择的是有中台组织的类型，就需要看看中台的人员如何配置。

人员分为必须配置人员和可选配置人员，必须配置人员分为领导者、设计师、工程师；可选配置人员分为产品经理和用户研究员。

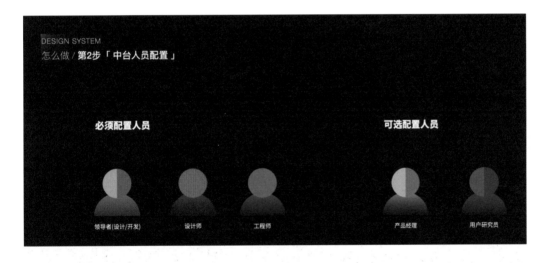

具体的人员配置数量，同样可以根据团队的大小来合理安排。

小团队只须领导者、设计师和工程师即可；中型团队可根据实际情况适当增加设计师与工程师的数量；大型团队除了增加相应的人员数量，还需增加产品经理和用户研究员两类岗位，当然这两类岗位可以不用全职。

以平安银行为例，我们选择的是中台业务共创模式，工作流程是中台设计师会提供组件的设计，中台工程师将其实现为数字化组件。

再加上业务的设计师和业务的工程师，中台设计师和中台工程师生产资产，业务设计师与业务工程师消费资产并提出反馈意见，整个工作流围绕着资产内容，形成了一个有机的闭环。

3）体系建设

在着手建设之前，首先需要对公司现有的资产进行清查，可根据设计体系的构成，对设计语言和GATM四个部分进行清查。

清查完成后，就能得到旧资产清单以及待补充的资产清单，可对这份待补充的清单进行优先级排序。

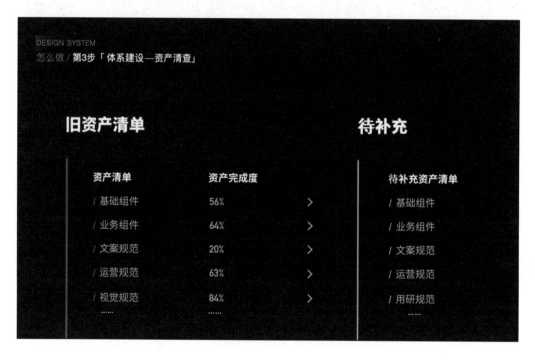

体系建设一样是围绕着设计语言和GATM四个部分，设计语言及设计规范设计师一般都会比较熟悉，这里我们重点介绍一下数字化组件库的建设。

既然有规范，设计师可以去根据规范落地执行，为什么还需要做组件？规范的落地如果只是口口相传的话，就会在传播过程中出现信息折损的现象。前文中我们有提到，组件是为了落实规范的快捷方式，数字化组件要求设计和开发人员在工作的过程中都必须使用公共资产，确保了规范的落地率，也保证了新版本更新的效率。

组件的建设有三个需要掌握的重要方法：组件建设理论、组件入库标准、组件搭建流程。

（1）组件建设理论——原子设计。

原子设计是《原子设计》（*Atomic Design*）中的著名理论。它是将一个内容拆分为最小的元素，开发人员再通过层层嵌套的关系实现出来，通过更换原子级别的内容，实现全局更换的目标。

在以往的认知中，我们理解一个按钮、一个开关为一个原子，不过在近年来设计体系的进化中，业内已经将其拆分为更小的单位，公认的原子级别的元素有字体、色彩、图标、圆角、投影等。通过这些最小元素，可以实现一键换肤、暗黑模式以及大字版等。

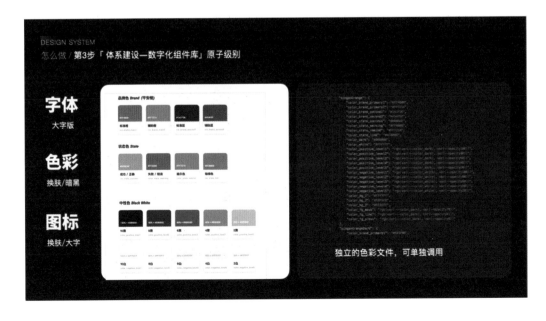

（2）组件入库标准——三大标准。

组件的定义是实现某项规范的快捷方式，那么一个样式需要成为一个组件，也必须具备一定的特性。根据经验，组件入库审核有三大标准：可复用扩展、符合行业认知及公司特性、立体化定义。

可复用扩展：同一业务有3个场景，或者同时有3个业务线使用的样式，方可成为组件。

符合行业认知及公司特性：如一个组件在行业内或者公司内部已出现过，用户有一定的使用习惯，则需要与其保持一致，避免给用户带来更高的理解成本。例如，平安银行在金额输入时保持大写的金额提醒，是延伸了原有银行柜台支票的使用习惯。

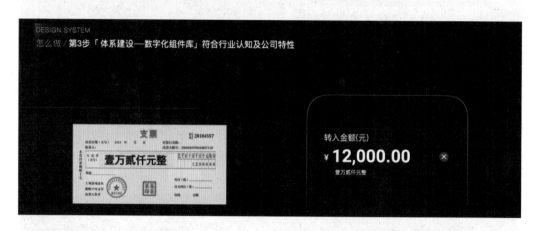

立体化定义：一个组件往往有不同的样式、状态，我们在定义组件时，需要充分考虑到组件的类型及可能出现的情况，通常情况下，我们将单个组件的定义分为三个维度：

x轴：单个组件的不同交互状态。

y轴：单个组件的样式属性。

z轴：单个组件的触觉、听觉等多维感知。

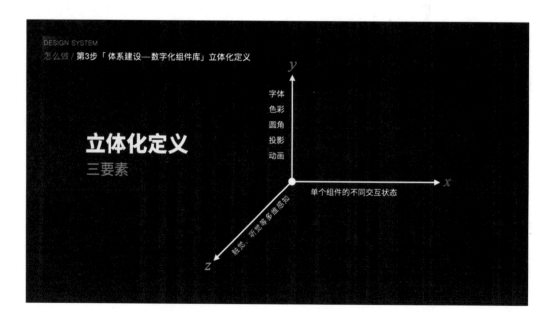

以按钮为例，一个按钮完成后，再根据大小、种类及位置，就可以延伸出一系列按钮组件。同时，如果系列组件类型较多，则需要补充使用指南。

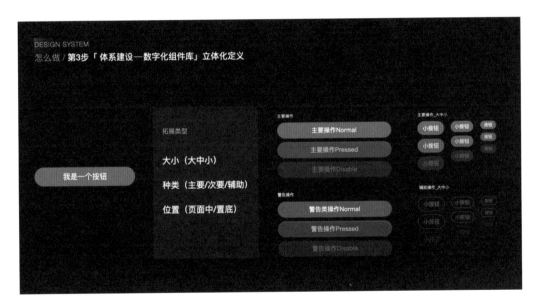

（3）组件搭建流程——层级清晰。

组件的搭建流程可简单分为以下四步：

拆分归类：按原子设计理论将典型页面进行拆分，梳理出需要被组件化的模块。

设计完善：调用公共的字体图标等元素，对每个模块进行立体化的定义。

梳理结构：对组件的结构进行梳理，并进行标准化命名。

发布分发：根据公司所使用的工具进行上传分发，并设置维护人。

业务设计师和工程师一般是通过组件的名称来查找组件，因此组件的命名合理性非常重要。下表是在日常工作中总结的常用命名维度，可供参考。

DESIGN SYSTEM
怎么做 / 第3步「体系建设——数字化组件库」命名

公司	设备端	属性分类	名称	类别	状态
PB	PC	基础	对话框	位置（顶/底/中）	开关（开/关）
	Mobile	弹窗	选择器	交互（点击/滚动/滑动）	色彩（红/绿）
	iPad	表单	操作菜单	层级（一级/二级）	大小（大/小）
		导航		方向（横向/纵向）	个数（1个/2个）
					形式（整页/弹层）

4）流程管理

设计体系中的资产和工具，是根据公司发展动态变化的，为了能保持其按一定的规则更好地运作，需要对流程进行管理。那需要管理哪些流程？如何管理好流程？我们从体系建设完成可能面临的问题出发：

- 如何保持设计组件和代码组件的一致性？
- 组件更新后业务设计师/开发人员如何及时获取？
- 组件有大的变更时，如何通知大家？
- 业务方如何和中台一起共建组件？
- 设计体系的资产应该如何存放，如何更新？
- 如何核验设计师是否使用了组件？
- 业务设计师与开发人员的协作流程如何优化？
- 如何推进业务方更好地接入组件？

面对以上问题，我们需要进行归类，找到通用的解决办法及流程。通常来说，管理流程分为以下三个部分：

（1）资产管理机制。

包括资产维护及变更机制、中台团队运作模式、规范新增评估标准、组件入库审核标准。

（2）标准工作流程。

包括业务设计师标准工作流程、公共资产使用指南、交互/视觉/动画交付指南、检查核验指南。

（3）业务接入管理。

包括存量宣导及推广计划、增量前置产品需求文档、业务接入管理机制。

5）体系评估

设计体系建设成熟后，为了保持活力和生命力，需要定期对设计体系进行评估。体系的评估一般分为5个维度：

错误率：对体系内规范、资产、流程发现的错误情况进行统计，以此维度提高资产的准确性。

复用率：通过数字化埋点记录相关资产的复用率，复用率低的组件则考虑其应用场景，酌情下线。

省时度：现有体系应用后，较原有工作流节约的工作时长。

易用度：用户使用设计体系内的规范、资产、流程来解决问题的难易程度。

满意度：调查整个体系在团队内的满意度，可采用定量问卷调查的形式。再针对具体的问题进行访谈。

对体系进行全局的评估后，可以了解用户的真实使用感受，解决当下的痛点，明确未来体系的发展方向。

以上便是设计体系建设全部的方法分享，体系中设定了许多规则和条条框框，从表面上看限制了业务的自由发展。不过我相信，设计体系就像是红绿灯的设立，它的目的不是为了约束，而是为了避免业务无序扩张，造成不良用户体验以及资源浪费。

设计体系的建设是一项庞大的工程，需要建设者有宏观的产品思维，时刻保持开放的心态，迎接不断变化的业务诉求，满足业务的发展需要，最终达到对外提升用户体验，对内提高工作效率的终极目标。

 陈田华

现任平安银行体验架构设计师，主要负责平安银行设计体系、产品设计中台建设，以及构建平安集团统一的OPA设计体系。从事体验设计行业6年，曾就职于乐视旗下众思科技、360 OS等公司。负责过多家公司的设计规范及组件建设，对设计体系的构建有丰富的经验，同时对设计开发协同、设计工具等有较为深入的研究。设计理念：设计的本质是解决问题，好的设计应该是感性和理性的结合，感性的部分吸引用户，理性的部分留住用户。

16 多语言下的国际MIUI

◎ 宋晓月

　　非常荣幸，有机会和大家分享小米海外业务的一些设计经验。在过去几年里，我们一直在做国际MIUI的操作系统和国际MIUI的品牌传播。现在小米的手机遍布全球，海外的用户越来越多，我们非常重视小米的海外用户在用小米手机时的体验和反馈。接下来我就开始带着大家一起来了解MIUI的国际化，包括用户界面的探索、多语言文化的探索、海外MIUI品牌传播等。

1. MIUI的国际化

　　2010年，MIUI的APK就已经在海外社交媒体上流传。

　　2011年，国际论坛组建，全球"米粉"参与MIUI的翻译。

　　2015年，国际版MIUI 7系统正式发布。

　　截至2021年6月，海外MIUI的月活用户数量已经达到3亿。直到2021年3月前，我们的团队也一直在负责国际MIUI的官网、品牌宣传、海外发布会线上线下的活动物料等。

　　国际版MIUI 7的图标合集，用色明显变得克制淡雅了，一眼看过去图标都没变——但是仔细看，其实每个图标几乎都重绘了。国际版MIUI 7可以说是一个更扁平、更典雅的进化版。

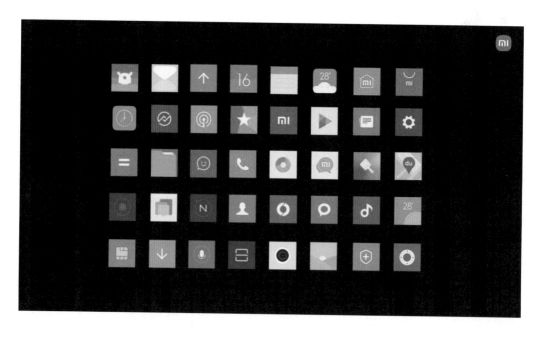

2. 多语言UI设计

经过十余年的发展，MIUI国际版现已经支持多达78种语言。下图是一个语言占比柱状图，可以看出国际MIUI的英语用户其实只占了不到50%，超过50%的是其他语言的用户。

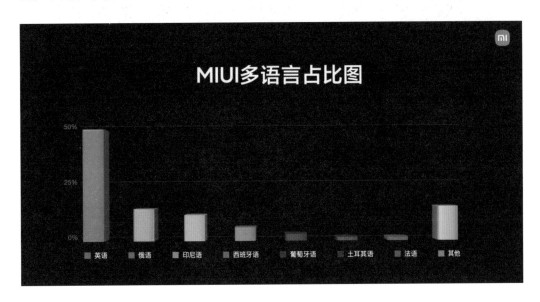

在主要用户集中的印度地区，语言数量也很多，共有1652种，其中使用人数超过百万的语言33种。英语、印地语是他们的官方语言。当然除了这两种语言外，南印度主要使用泰米尔语、泰卢固语，北印度主要使用印地语和乌尔都语。

我们还有从右往左阅读顺序（Right-to-Left）的特殊语言，简称为RTL语言。MIUI系统内的RTL语言一共有6种，国际版的用户居多。

RTL语言一共有6种

1	Arabic	阿拉伯语	
2	Persian	波斯语	
3	Hebrew	希伯来语	国际版
4	Urdu (India)	乌尔都语（印度）	
5	Urdu (Pakistan)	乌尔都语（巴基斯坦）	
6	Uighur	维吾尔语	国内版

RTL语言的主要区别在于文字阅读顺序、交互使用方向、数字格式、参数位置等。

还有一些字符很长的语言，在UI设计上也需要特殊考虑，不能直接翻译应用到界面中，例如俄语。用图标替代长字符的一些语言，是可行的方法。

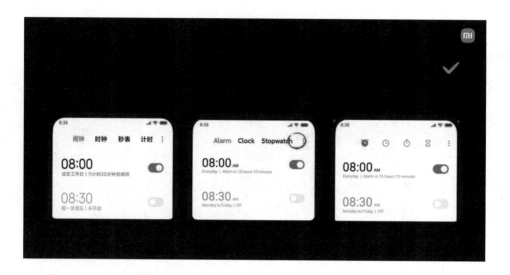

3. 国际MIUI品牌传播

我们的海外用户在海外社交媒体平台是非常活跃的，海外MIUI官方账号已经有千万级的粉丝量。我们在各大社交媒体平台上发布了很多广受好评的设计，最高的话题参与度达到5万。为了增加和海外"米粉"的交流，我们保证每天都有新的运营话题海报产出。通过一段时间的积累，也制定了适合海外环境的插画使用规范，包括海外人物使用规范、绘画风格等。

我们也逐步确立了国际MIUI的品牌插画规范，以便用于更多国际化的传播上。

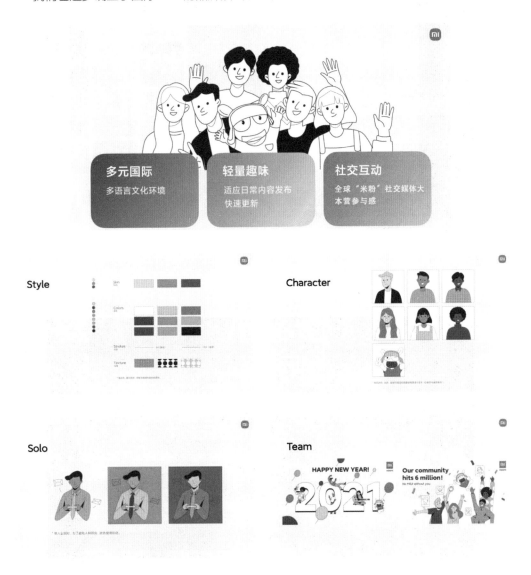

4. MIUI 12海外发布会案例

　　我们所在国际互联网部，在过去几年里一直在做国际MIUI的操作系统和品牌传播工作。海外MIUI的发布会也深深受到海外"米粉"的期待，我们来看看发布会的一些设计案例。很多适用于国内的宣发物料不一定适用于海外，所以我们基本上都做了重新设计的工作。国内海报宣发的功能点与海外的不同，海外用户的审美和认知也会和国内用户有一些不同，我们尽量把海外的宣发品做得更符合国际化审美。

　　以下是国内MIUI12宣发主海报。

以下是MIUI 12海外发布会的海报和传播图。在每次发布会之前，我们会做非常多的预热图片和发布会直播图片。

可能大家觉得替换成多语言是个体力活，但其实在这个过程中发生过很有意思的事，我们会接触到很多新的知识。从这些平面物料来说，可能对于我们这个级别的设计师应该驾轻就熟了，但一些小的状况是在实际设计中才能发现的，我们为了实现更好的本地化宣传，需要做法文、德文、意大利文、俄文、英文、西班牙文6种语言的直播物料。设计的时候发现有的语言文字非常长，例如英文可能是几个词，但是到了俄文就是两三行了，甚至很多语言我们不知道从哪里折行。有了这次经验之后，我们再做多语言物料的时候，会在翻译需求上加一张设计图，让他们看到我们预留给文字的空间，以便得到更好的翻译内容和视觉效果。

在我本人做的业务上，在国际化领域可以细分出来国际化设计和本土化设计，国际化设计其实是全球化，一个产品可能要覆盖到全球，例如说MIUI的用户界面设计和公共节日等。本土化设计是单独的针对某一个国家的设计，其实在设计上会有很多不同的差异化，这对我们团队招聘设计师以及培养设计师增加了很多不同的要求。

说完国际化案例我们再看看本土化案例。

我们和产品团队一起做了当地用户调研和用户画像，整个视觉团队也参与其中。这对产品的品牌调性和运营设计风格走向有很大的帮助。

下图是某印度地区产品的详情图设计，我们用了印度人民喜闻乐见的色彩、民族服饰的元素。这些可能和我们在国内做的设计完全不一样，但有助于转化率的提高。

还有很多运营话题、活动H5都要符合本土化的特色。插画设计风格多样，有适合国际化

通用风格的，也有适合本土化地域要求的，还有为阅读App定制的结合书籍内容的二次元插画等。

我们非常重视小米品牌、MIUI品牌以及小米设计在国际社交媒体上的传播，目前我们在继续维护着国际互联网设计中心在Instagram等社交媒体上的内容输出，确保时刻有高品质的设计作品产出并传播。我们也在寻找各种机会和海外设计师互动交流，在Clubhouse兴起时，我们全员都注册使用了该产品，在线上与海外的设计师、设计专业学生沟通交流并介绍小米在海外的各项业务，从而吸引更有国际化视野的人群加入我们。我们希望通过作品提高影响力，让更多的人能够在更多的设计平台上看到我们。

 宋晓月

小米互联网业务部国际互联网部的设计负责人。在过去几年里一直致力于国际MIUI的操作系统和品牌传播工作。从事互联网设计工作15年，有丰富的海外产品设计经验，深入研究小米海外业务触及的多国家、多民族的文化、语言、使用习惯等，致力于服务小米海外3亿的用户群体，和"米粉"交朋友。

17 用户研究如何驱动AI产品体验升级

◎ 陈宪涛

随着AI技术的不断发展，AI技术赋能产品的趋势愈加明显。一方面，新型智能硬件产品不断出现，另一方面，AI技术也在不断地增强传统和成熟产品。人和产品的交互方式及人机关系正在发生变化，新的研究课题不断涌现，用户研究的工作重心和价值边界也同步需要变化。本文回顾了百度TPG用户研究团队近三年的部分研究项目，基于对小度智能硬件、百度地图、百度输入法等多个AI产品的用户研究实践，总结了针对AI产品体验研究在研究选题、研究规划、价值输出等方面的思考，结合具体的AI产品体验研究案例，详细介绍了如何通过用户研究优化AI产品体验，以及用户研究助力产品智能化体验升级的前瞻探索。

1. 智能技术与产品体验

1）理解智能和人工智能

什么是智能和人工智能？之所以要说明这两个概念，主要是平时工作中发现少数设计师和研究员没有真正理解智能的含义。最常见的表现是在讨论具体产品设计问题时，经常会遇到对智能理解不一致的情况，有人理解的是理想化智能（强人工智能/超人工智能），有人理解的是目前的智能能力（弱人工智能），这说明少数设计师和研究员对目前人工智能技术能力边界的理解仍不清晰。

什么是智能，可以通过自然界生物智能的例子一探究竟[1]。同属自然界鸟类，鹦鹉和乌鸦的体型大小差不多。鹦鹉有很强的语言模仿能力，但鹦鹉实际上并不明白人类说话的语境和含义。乌鸦远比鹦鹉聪明，它能够制造工具，懂得各种物理常识和人类活动的社会常识。下图是一只乌鸦"学会"在城市寻找和吃到食物的过程，具体描述的是一只乌鸦找到了坚果食物，但自己无法打开坚果进食，它学会了借助行驶的车轮压碎坚果，并通过理解红绿灯、斑马线、行人指示灯、车子停留、人流之间复杂的关系，最后安全地吃到食物。

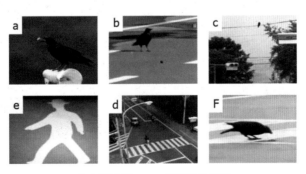

什么是智能——一只乌鸦的启示

乌鸦打开坚果的过程展示了完全自主的智能，它包括了感知、认知、推理、学习、执行。这种智能是我们应该追求的智能，即真正的理解用户、洞察环境、满足需求，我们要寻找"乌鸦"模式的智能，而不是"鹦鹉"模式的智能。

2）人工智能对体验的影响

关于人工智能对产品和体验的影响，用一句话来说，智能技术对产品和体验的变革是十分深远的。目前智能技术已经带来了很多可感知的体验升级。基于语音技术，带来了基于自然语言的交互，例如在车载和家居场景下人们可以通过自然语言与产品交互。基于视觉技术，带来了更丰富的场景化体验，例如在新冠肺炎疫情背景下，人们非常关注出行场所的实时人流量信息，现在很多产品提供了这类信息的查询，这些实时信息有些是通过视觉技术获取的。基于AR等技术的综合应用，带来了更真实的互动体验，例如像2021年比较热的数字人交互。

智能技术一方面带来了体验变革和产品创新的机会，另一方面也带来很多的设计挑战。这些挑战根本上源于目前所处的智能阶段，即主要还处于感知智能阶段，也就是人们常说的弱人工智能阶段，产品虽然能听会说、能看会认，但真正能理解会思考的能力还不太行，而且用户对产品智能化的预期又很高，所以，会导致AI产品存在各种各样的体验问题。

以智能音箱为例，经常会听到用户对"感知、处理、反馈"等交互环节的问题反馈，如下图所示，这里包括一些基础的交互体验问题，如唤醒的问题（唤不醒、唤醒麻烦）、响应速度的问题（反应很迟钝）、理解的问题（听不懂用户说的是什么）。也包括一些比较复杂的问题，如对话的问题（连续对话体验差）、情感交互问题（无法准确感知和分析用户的情绪状态）、个性化的问题（不能识别交互人身份）、主动交互问题（交互不够主动）等。这些体验问题的解决，既需要技术的进步和突破，同时也需要设计师和用户研究人员的建议和答案。

智能音箱用户对"感知、处理、反馈"交互环节的问题反馈

2. AI产品的用户研究思考及实践

1）小度智能硬件用户研究思考

　　下文以小度智能硬件产品为例，如下图所示，探讨和分享如何针对创新AI产品进行用户研究规划，以及规划背后的一些思考逻辑。需要说明的是，如何进行AI产品研究规划是战术层面的问题，每个团队的执行路径可能不太相同，这里简要介绍下我们的经验，大致包括三个主要过程：首先，洞察业务方向，需要与业务方充分沟通，并通过大量的产品测试，掌握目前产品存在问题和体验现状；其次，基于业务目标和产品体验问题的理解，明确用户研究目标，可以区分短线和长线的研究目标；最后，对研究课题进行枚举，收敛和明确课题优先级，按照优先级协同业务方的关注点，开展研究执行。

小度智能硬件家族产品

　　下图是我们规划的小度智能硬件产品的用户研究布局。在业务方向上，区分研究课题针对的是系统层面的问题，还是产品/硬件层面的问题，由于DuerOS软件系统的体验是关键，其表现会影响到小度所有的智能硬件产品，所以我们会优先关注DuerOS系统层面的研究课题。在研究目标上，区分研究课题针对的是基础的交互体验问题，还是比较复杂的体验问题，或偏向对未来的交互探索。在研究的优先级上，我们明确了每个研究阶段，用户研究核心要解决的问题是什么，例如第一阶段（基础交互体验）核心目标是提升智能设备语音交互自然度，为用户提供自然和舒适的语音对话体验；第二阶段（从交互到交流）核心目标是增加情感和趣味体验，侧重与用户的情感联结。

小度智能硬件产品的用户研究布局

2）小度智能硬件的几个研究案例

案例1：语音交互中的响应时间研究。

围绕语音对话的基础体验，我们最先关注了语音交互的响应速度问题。之所以关注这个问题，一方面因为它是产品团队和技术团队非常关心的问题，另一方面，已有研究资料显示，产品的响应速度是影响用户满意度最重要的因素[2]。按照用户意图和交互阶段，我们先后对无屏音箱和有屏音箱的语音交互响应时间进行拆解和研究。如下图所示，针对有屏音箱的语音交互过程，通过大量的人因实验研究，定义了语音交互不同阶段最佳的响应时间范围，我们建议ASR（Automatic Speech Recognition，自动语音识别）的时间应小于400ms，首响时间应小于800ms，内容加载时间应小于500ms，并以此为理想的响应时间目标，不断驱动业务进行产品性能的优化。

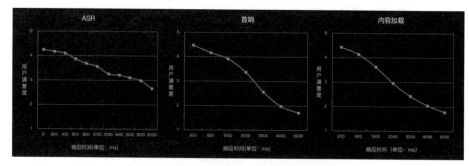

有屏智能音箱语音交互响应时间研究结果

针对无屏音箱和有屏音箱语音交互响应时间的两个研究，我们分别在国内核心期刊《人类工效学》和国际人机交互大会上发表了2篇学术论文[3-4]，向行业和学界分享研究结果，供同行从业者参考。

案例2：语音交互中的声音体验研究。

围绕语音对话的基础体验，我们还关注了语音交互中的声音体验，这里主要指TTS（Text To Speech，从文本到语音）合成语音的听觉感知体验。声音的感受很重要，研究表明"声音"在人际交流中对于信息的表达会有比较大的影响，在人际交流中，占第一位的是姿势（55%），其次就是声音（38%），而人们最为留意的语言、措辞只占到7%。大家都说人是视觉动物，其实人也是听觉动物，更加悦耳的声音，能够让人产生愉悦的感觉。不可否认，目前的TTS合成语音相比以前已有明显改善，没有了特别明显的"机器音"，但人的耳朵还是很敏锐的，对声调、节奏、语调的异常会十分敏感。

关于TTS合成语音，行业普遍的评估方法是采用MOS方法或ABX方法，这两种方法的共性是采用单一指标5点量表的评估方法，可以对比不同TTS合成语音产品的优劣，但不太容易指出合成语音存在的具体问题，不便于后续优化。鉴于此，我们采用了多维指标评估的方法（Multidimensional Auditory Experience，MAE），搭建了TTS合成语音体验的评价体系，从最初收集评价指标，到最后确定了14个主要的评价指标。我们进行了大量的用户测试，在测试中，要求用户体验不同的合成语音产品，并对每个产品从上面的14个体验指标维度进行评价。最终通过统计分析和构建结构方程，得到TTS声音的评估框架，以及基于此框架横向对比各家语音合成技术的综合能力，如下图所示。结合用户测试的反馈，指出TTS语音合成存在的主要问题。

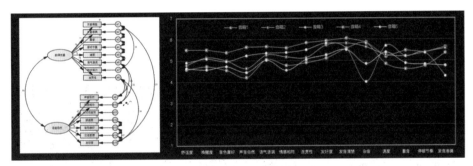

TTS声音评估结果

案例3：语音交互中的对话体验研究。

围绕语音对话的复杂/情感体验，我们关注了人和产品的对话交流体验。其实真正实现人和机器之间的对话交流是非常复杂的问题，难度比想象的大。人和产品之间的对话可以被分为两种，即任务式对话（封闭域对话）和聊天式对话（开放域对话），如下图所示，前者实现相对较容易，后者会很难。

人和产品之间的两种对话类型

针对聊天式对话体验该如何开展研究呢？我们首先聚焦了高频的聊天对话场景，如开场（早上好、你好）、离场（我睡觉了、我去上班了）、正负向情感（我爱你、我不开心）表达等。然后，分别针对这些聊天场景进行对话设计，并邀请用户对对话内容进行评价和反馈。最后，总结不同聊天场景下的对话策略，并将对话策略反哺到技术和算法里。同时，我们也会与技术团队密切合作，一起探索更有效的聊天对话内容的生成方法。

针对开放域聊天对话体验的研究结果，我们在人机交互知名会议MobileHCI上发表了1篇学术论文[5]，MobileHCI是中国计算机学会指定的人机交互领域的B类会议。

3）百度地图/输入法的智能化思考

以上是针对智能硬件类产品的一些研究思考和实践。其实，除了新的智能硬件产品以外，很多成熟产品也在不断地进行智能化升级，越来越多的AI技术正在被应用到产品中。以百度地图和百度输入法为例，目前已有很多AI技术的加持，这些产品未来还会加速智能化。

针对百度地图和输入法等成熟产品的智能化体验升级，用户研究仍然有很多需要思考和探索的工作。如下图所示，在百度地图、百度输入法、百度翻译等产品中具有许多AI特色的功能，其中部分功能已经拥有大量的用户，例如百度地图的智能语音助手已有超过5亿用户。针对百度地图和百度输入法的智能化升级，目前我们的主要思路是从功能点研究开始，逐渐探索整体的用户智能感知。

百度地图、百度输入法、百度翻译产品中AI相关的功能

3. AI产品用户研究影响力构建

围绕AI产品的设计和研究，最后谈谈对用户研究如何构建影响力的思考。之所以要讨论这点，主要是为了在AI产品创新过程中体现用户研究或设计研究的价值，这是与我们非常相关的一个话题。在过去3年多的时间里，我们构建影响力的路径主要是依靠知识输出：一方面对内输出知识，提升研究效率；另一方面对外部输出标准，参与行业标准制定，发表行业报告和发表学术论文。

为了在公司内部提升用户研究的影响力，首先，我们搭建AI产品设计研究知识平台，向内部业务输出知识。其次，我们搭建了内部实验平台，用以减小实验程序开发成本和提升效率。针对AI产品体验调研，尝试搭建基于语音的智能调研平台，通过语音对话的方式收集用户的反馈和评价。同时，我们会与业务团队协作，输出产品关键指标的体验参数，共同参与行业标准制定。我们参与了两个标准的制定，一个是公司内部的标准，一个是外部行业标准。我们会梳理AI产品人机交互技术应用及体验趋势，向行业发布趋势报告，目前已经发布了两份趋势报告。我们会通过发表学术论文的方式，将研究经验和研究结果进行沉淀，与学界/行业进行交流，团队已累计发表30多篇学术论文。

参考资料

[1] AI综述专栏|朱松纯教授浅谈人工智能：现状、任务、构架与统一，https://www.sohu.com/a/227854954_297710/.

[2] 张一宁. 认知与设计：理解UI设计准则[M]. 北京：人民邮电出版社，2011：129-146.

[3] 陈宪涛，关岱松，周茉莉，王任振，魏欢. 智能产品语音用户界面的响应时间研究[J]. 人类工效学，2019，25（1）：1-5.

[4] Xiantao Chen, Moli Zhou, Renzhen Wang, Yalin Pan, Jiaqi Mi, Hui Tong, Daisong Guan.Evaluating Response Delay of Multimodal Interface in Smart Device. HCII 2019, LNCS 11586：408–419.

[5] Xiantao Chen, Jiaqi Mi, Menghua Jia, Yajuan Han, Moli Zhou, Tian Wu.Chat with Smart Conversational Agents: How to Evaluate Chat Experience in Smart Home. MobileHCI 2019.

 陈宪涛

设计学博士，现任百度TPG技术中台用户体验部用研团队负责人，先后负责百度DuerOS、百度地图、百度输入法等业务产品的用户研究，专注于智能产品和创新交互等领域的体验研究。曾在诺基亚、联想、腾讯、阿里巴巴等企业负责交互设计和用户体验研究工作，在人机交互、移动应用及设计、用户体验研究等领域积累了丰富经验。

曾在MobileHCI、HCI、INTERACT、OZCHI等国内外重要国际会议和核心期刊发表学术论文20余篇，同时拥有40余项国内外发明专利。致力于在AI技术驱动产品体验变革的大背景下，通过扎实和专业的用户研究实践助力产品智能化升级。

18 通过影视宣发探索B端数据产品设计

◎ 王春阳

近些年来，随着各行各业向数据化运营、精细化运营转变，数据产品越来越被大家所关注。本文会以影视宣发B端数据工具产品为例，通过产品设计中的实战经验及理论方法，为数据产品设计师带来新的设计思路。

1. 数据产品设计体验要素

1）数据产品设计基本原则

（1）拥抱复杂性。

作为一名体验设计师，设计C端产品时考虑的是如何降低复杂性，将复杂的商业逻辑和运营玩法尽可能地简化，对信息进行简化"降噪"处理，用情感化的表达手法来让用户理解产品，这是以消费者为中心的设计策略。

但是在数据产品的设计过程中，生硬地降低复杂性，简单地减少或忽略信息数量都是对完整用户场景的一种破坏，会造成数据功能的缺失。所以，数据产品最终出现在用户面前的内容可能并不完全整洁和简单，设计师要拥抱复杂性，去化解复杂性带来的设计难题。

面对复杂的数据，可以用多种设计手段对数据进行二次加工及分类，例如通过可视化、信息展开，或是页面下钻等方式来辅助用户来更好地理解数据。

可视化　　　　　　信息展开

页面下钻

所以作为数据产品设计师要抛弃固有的设计思维，接受复杂性，而不是回避。

（2）深挖数据。

很多刚接触数据产品的设计师觉得数据产品很简单，拿到需求后去组件库里找一个匹配的图表组件放上去就可以了，但实际数据设计远非如此。在开始进行数据设计之前我们要先抛开图表、按钮、填充色这些纯视觉层面上的思考，深入研究用户将要查看的这些原始数据，了解这些指标的数据统计口径，找到数据的变量、不同维度数据间的关系。同时询问用户的工作目标是什么？通过这些数据试图找到哪些问题的答案？这些洞察可以帮助我们了解用户的原始诉求和痛点，这样我们就能逐步地找到数据的层次结构以及合适的图表。

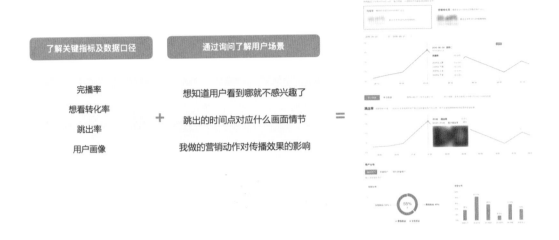

（3）真实数据验证。

数据产品的数据复杂度是超出我们想象的，所以在做设计验证时不能仅凭假数据就去模拟真实的使用情况，而是要用真实数据验证设计的兼容性。我们要深入了解每个数据代表的含义，理解每个数据之间的关系，明确各种可能的展示情况以及极限情况，深入研究它们的变化对整体界面结构布局的影响。

例如，我们在设计影视公司作品类型分布表现时会用到环形分布图，在实际情况中会发现有一部分公司的分布极其不均衡，导致色环看不出分布差异，这就需要做视觉矫正。

但还有更极端的情况连视觉矫正都没法做，这时就要设计出兼容的版式结构。

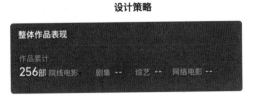

所以在设计原型方案时，不要仅仅是用理想中的数据去展示完美的设计方案，而是要使用真实的数据，尽可能地模拟各种实际情况，保证设计方案的最大兼容性。同时在做用户测试时，用户也会被带入到自己的实际使用场景中去，想象原型中的方案是否能够解决他们的问题。在此测试场景下暴露出来的问题才是客观真实的。

（4）数据设计3W原则。

当我们开始着手数据页面设计时会面临新的问题：如何去组织各种复杂的数据指标？哪些指标该重点突出？哪些指标该弱化甚至不展示？

这里会用到一个数据设计3W原则，通过时间、空间、事件的判断来确定当前页面、当前模块展示哪些指标，突出哪些指标。

"多维"数据设计 **3W** 原则

时间	**When?**	数据对象的阶段	映前热度数据，映后票房数据
空间	**Where?**	模块位置、场景	前置入口？后置结果页？独立模块？
事件	**What?**	此刻发生的事情	当前场景要做什么决策

例如一个电影模块的卡片，在不同的时间、空间、事件下会展示不同的指标。

①搜索影片时需要提供尽可能多的信息，辅助用户判断是否是自己要找的影片。

②找到目标影片后，在二级指标下钻页无须再展示过多的冗余影片信息，只须展示跟当前页数据分析相关的决策指标即可。

③每个卡片内的指标，会根据当前影片所处的上映阶段展示不同的数据指标。

When？已经上映，有想看数和票房
Where？搜索结果，影片的第一入口
What？了解影片基础信息，便于快速定位

信息密度：高

When？已经上映，有想看数和票房
Where？详情下钻二级页面
What？快速了解关键指标，利于决策

信息密度：中

When？已经上映，有想看数和票房
Where？详情下钻二级页面
What？定位页面，标题作用

信息密度：低

2）数据设计需要关注的基础规范

（1）格式表达要准确。

在数据产品设计中，首先遇到的就是数据精度的规范，例如某个指标是整数还是小数，整数是否逢万、逢亿进位，小数保留几位，等等。

在灯塔专业版产品中，相同的数据指标在不同模块也要根据用户的决策场景制定差异化的进位规则。在非决策场景，仅做浏览参考的位置，可以选择粗精度的进位显示，了解大概数量级即可。在需要做宣发决策判断的场景中，例如对未上映的影片做想看人数对比，则需要展示完整的数据，精确到个位。

根据用户决策场景选择进位规则

（2）数据/时间"不分家"。

数据信息的一个显著特征就是每个指标都会附带一个时间属性，即"这个数据的统计时间方式是怎样的"。"数值+时间"才能够成一个完整的数据信息传达。没有时间描述的数据是没有使用价值的。

（3）补充说明不能少。

数据工具往往都是面向B端垂类行业用户，很多数据指标都有很强的行业特性，有些指标甚至是工具平台方根据大数据能力拟合的更复杂的分析指标，所以对指标计算口径的描述就十分必要。用户看数据时需要了解指标的计算方式、数据来源，如果这类复杂的指标上没有标注说明，用户会经常通过客服反馈的方式来询问，从而产生很多不必要的解释成本。

（4）重点信息要突出。

和C端用户产品不同，B端工具产品的页面信息内容相对复杂且单一，没有过多的图文等情感化元素，在信息设计时重点要考虑用户获取信息的效率，在满页面都是数据指标时需要帮助用户做信息的检索分类引导，重点信息颜色高亮是简单高效的一种设计手法。

除了上面讲到的基础规范及设计要点，最后还要强调一点，数据工具产品的本质是一款辅助工具，它的产品目标是尽可能地提升用户获取数据的效率，帮助用户做辅助决策，所以产品体现出的"态度"应该是"客观中立"，只呈现客观事实数据，不要输出观点。

2. 不同角色的数据场景构建

B端产品设计中的一个经典问题就是用户角色场景区分，常用的手法是权限控制和版本控制。

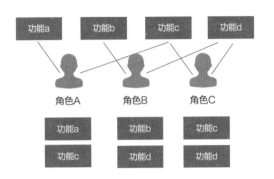

权限控制

基于不同角色职能控制功能使用权限

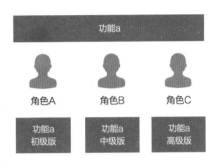

版本控制

基于使用深度提供同一功能的不同版本

在找到产品的不同用户类型后，对他们的使用场景逐一分析，对重点场景做功能或版本的差异化设计以满足不同的用户诉求。

多用户角色设计流程

用户定义	┈┈→	需求洞察	┈┈→	场景分析	┈┈→	方案落地
用户类型 占比		不同用户的诉求 服务目标		不同用户的使用 场景定义		针对不同用户做不 同版本方案

以灯塔专业版为例，用户群里主要分为行业用户和非行业用户（"吃瓜群众"）。两类用户对数据的诉求和使用场景截然不同，针对这两类人群做电影详情页的不同版本设计。

针对非行业用户（"吃瓜群众"），页面设计更偏向C端的风格，有更多的氛围烘托、更多的情感化设计、更精练的数据。而针对行业用户则去除不必要的视觉干扰，展示更简单、纯粹的数据信息。

吃瓜群众
更富有媒体属性的设计风格

行业用户
剔除干扰，更纯粹的数据分析呈现报告

3. 让数据生动起来

为什么在数据产品设计中要让数据生动起来呢？

于情——无论是使用产品的用户还是做产品设计的设计师，面对枯燥、一成不变的数据都会容易疲劳，所以让数据不再枯燥，变得生动、有趣起来可以满足用户的情感诉求。

于理——我们平时使用的Excel属于"数据视角"，即"我有什么，你看什么"，人在一堆数据里面"挖"对自己有用的数据。但数据工具产品需要以人的视角来呈现数据，即"你想看什么，我给你什么"，让有价值的数据主动去"找"人。

我们可以通过一些方法来让数据生动起来。

1）通过"预判设计"让数据自己"说话"

预判设计是"比用户领先一步"的用户体验设计原则，是利用用户习惯和偏好数据，去提前评估、预测和响应用户需求，目标是帮助用户做出决策来减少用户的认知负担。例如我们经常用的打车软件，目的地输入框下方会显示当前起点、经常去的目的地，点击即可快捷输入，这种就是通过历史交互行为来预判现在的动作。再一种是通过对数据的分析告知未来即将要发生的事情，通过这种方式可以让本来枯燥的数据生动起来。

采用这个思路，在灯塔专业版的影片票房数据设计上，我们赋予数据故事性，通过历史数据的比对、丰富原本单一的票房数据，找到票房数据在某个维度上即将打破的历史纪录。

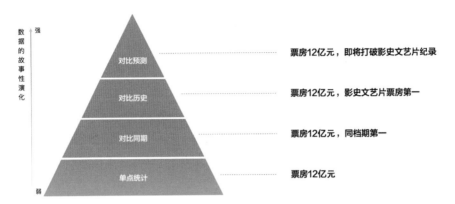

通过将打破纪录的进程可视化，可以提前将用户的情绪调动起来，让用户持续关注破纪录的进程。

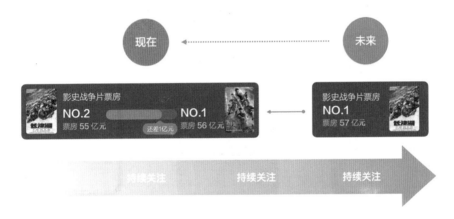

通过对数据的多维度比对，提前告知未来事件，让原本单一的票房数据变得丰富生动起来。

2）给数据赋予价值——打造荣誉感

数据价值分为"使用价值"和"传播价值"。"使用价值"体现的是数据的功能属性，辅助用户做决策判断。"传播价值"体现的是数据的媒体属性，能够帮助数据利益相关方宣传相关荣誉成就。

对数据的荣誉感打造，首先要做的就是在产品内让用户感知到荣誉信息的存在，例如在灯塔专业版中，影片拿到破纪录成就是小概率事件，能打破某个维度的票房纪录无论对于影片本身还是关心影片的用户或者片方来说都是很难得的一个成就。所以对这类含金量高的成就，我们就要通过设计手法将信息的传达做透、做强，在用户浏览的必经路径上通过弹幕、弹窗等设计手段逐级加强用户对这一荣誉事件的感知，让埋藏在页面深处的高光事件不被"埋没"，让数据自己"发声"。

App 内荣誉感包装
打穿链路，荣誉感知逐级放大

让用户在产品内部感知到荣誉成就后，可以继续对成就数据进行放大包装，强化荣誉成就的分享形式，促进用户的分享意愿，同时可以带动产品的品牌曝光。

4. 结语

数据产品的设计之路远不止于此，在AI智能化的潮流下，未来的数据产品会帮助用户做更多的智能分析，让运营决策更精准和高效。在未来的数据智能化的时代，设计师会面临更多的挑战，我们只有打开思路，突破自身限制，更多地站在产品、用户、行业的角度去思考、去寻找设计突破，才会在新的趋势到来时从容应对，更好地服务用户、赋能行业。

 王春阳

阿里影业体验设计专家，负责影视宣发数据工具产品相关设计，专注于影视行业B端用户相关产品体验设计。曾任职新浪微博负责商品产品交互设计。从事体验设计工作多年，专注于B端产品设计，对商业用户有敏锐的洞察力。

设计观点：商业设计是一股无形的力量，它要像一个伙伴一样与用户站在一起，帮助用户解决难题、共同成长。